當和尚遇到鑽石 5

修行者的祕密花園

麥可・羅區格西／著
Geshe Michael Roach
鄭振煌／譯

目錄

1

太　陽

我們在感恩節的宴會上相識。我們的母親是朋友，他們家有四個女兒，而我們家有四個兒子。我想母親們一定是某一天在市場巧遇，然後就一起計畫了這個宴會。那一天哥哥和我在家附近工作，我們不太清楚母親們聚餐的計畫，我們正在修理一輛馬車，滿身泥巴。女孩們先後來到，最先出現的是大姊，她在庭院下車，發現我們正從輪軸下探出滿是泥巴的臉打量著她。她真是絕世美女，有一頭烏黑秀髮及一雙深邃的眼睛。她走進屋裡，我們心不在焉的繼續工作；直到第二個女孩進來，她是個身材健美、非常引人注目的金髮美女。這時我們都迫不及待站了起來，慌忙想要刷掉衣服上的泥巴。

緊接著第三個女孩來了，她就像童話故事裡的仙女，有黃褐色的頭髮，笑起來的時候，彷彿連眼睛都跟著微笑。當她從我們身邊走過，望了我們一眼，走向站在門邊的母親時，那一眼就足夠讓我們忘掉車子；我們開始在水槽洗手、洗臉。稍後，來了一輛小馬車，上面坐著她們的母親與最小的女孩；一個文靜、苗條，有著金色鬈髮的

1 太陽

女孩。當屋後的陽光照在她的臉上時，簡直就像是太陽的化身，此時正好是落日餘暉，晚霞滿天。之後我們都進了屋裡，燭光搖曳，佳餚滿桌，女孩們透露出青春的芳香。

第二天早上，我們發現她們忘記帶走小碟子。當我從往後的人生回過頭看時，才發現這越來越不像是偶發事件，而是一連串事件的開端。我母親提議由我把小碟子拿去歸還，她的眼神似乎在告訴我應該要走這一趟，而且我非得這麼做不可，於是我去了。

當女孩開門時，我拿出碟子，她母親也用和我媽相同的眼神看著我，示意我進門好和我說話，這一切似乎都在計畫之中。我問她這幾天晚上，可否請她那位金髮的女兒一起出來散步？她以和藹的棕色眼睛端詳著我，然後說好。

我們居住在沙漠中，此時正是初冬的季節。起初，我帶著她走在我熟悉的路上，她在旁邊跟著我走。我挽著她，她並沒有拒絕，這點令我感到很驕傲。她的頭髮輕拂在我的肩頭，使我看不清路面。後來，很快的，我們就走到另外一條路，當時天色已晚，而這條路我不曾走過。

此刻，是我另一段學習旅程的開始，這不是鑽研書本或在教室中的學習，我已經在這種學習上花了相當多的時間。我指的是那種攸關一個人一生真正重要事情的學習，當我們年華老去時，我們會覺悟到的最重要的事：是屬於心靈層面的。這一刻，她讓我看到人類最大的敵人，這是我第一次與之面對。她向我指出在死亡還未到達之前，黃金戰士會擊潰這個敵人。

她引領我進入一個以石牆圍著的花園，西邊有一座石頭小教堂。但是我在那一個晚上卻只看到一棵大樹，這在沙漠中是很罕見的，樹幹出奇的粗，樹枝兀自從高處垂下，彷彿不理會夜晚的到來，也將世界隔絕在外。我把背靠在樹上，而她整個人貼在我身上，把她的腿抵著我，我感覺到迸出一股強烈的熱氣，簡直就像陽光，幾乎是一種超自然的熱氣，這在人的色身上是很罕見的。

1 太陽

我心中浮起一個念頭，想告訴她一些我從書本裡得來的想法，企圖用一個男孩子所知道的事，讓她對我產生深刻的印象。我想告訴她，我在學校名氣越來越響亮，我正要開口說話……

她以那高貴母鹿般棕色的雙眼凝視著我，眼瞼半閉，好像在享受一種我看不到也說不上來的喜悅。我知道：她那雙欲語還羞的眼睛，就是我眞正的功課——學習克制自己的情欲和傲慢心。這是我在十六歲時，從這個年輕女孩身上學習到的功課。她像是爲了獎勵我似的，把她的臉頰在我的胸膛上磨蹭，濃密的金色頭髮宛如瀑布般傾瀉在我身上。

這是一種很新鮮的感覺，我覺得被激起了某種覺受，就在這一刻，我瞭解了情欲。從那一刻起，情欲變成了我一生當中最巨大、最值得對抗的敵人。我伸出手去碰觸她小巧的胸部，那雙眼睛又看著我，這次眼睛微微張大，眼神中閃過一抹嚴肅，我發現我的雙手動彈不得。那一刻，我從這雙眼神當中學到了第二課，我感覺我的心進入了第二個境界，一種善境界。

她轉過身，拉起我的手，示意我和她一起離開花園，過程中她不發一語。我在心中不禁湧起了一股失望和受傷的感受；在這當下她停了下來，又轉過一圈，第三次看著我。

那是不可言喻的一刻，但我可以暗示你，我看到了什麼：一位金髮飄逸的天使，直挺挺的站著，雙臂微舉，手掌心朝著我，頭髮垂下來，像光暈般圍住她的臉。月光從我們身後的佳樂樹流洩出來，她的臉在月光照耀下閃閃發光，柔軟的絲質上衣和裙子在沙漠的風中搖曳著，再一次她以眼神詢問我：「爲什麼要惱火？」對「她」或是其他眾生不快；我這一生難道不是要擊潰我內心的無明，讓我從輪迴不已的生命中大放光明嗎？

她開啓了我的生命，分開時她卻只說：「去吧！去撫摸太陽；『她』不會傷害你的。」

2

痛　苦

物換星移，「她」多次帶我去「花園」，繼續在那裡啓蒙的課程。時間總是在晚上，我們進了花園，她就不再說話；所有教導都是透過「她」純淨的眼睛，「她」的雙手，「她」的秀髮，以及溫柔的觸摸，課程變成了一種規律。我總是想著她的溫暖及香氣，而她會想著我無法眞正瞭解的事物。

我們就像兩個年輕的戀人，一起度過好幾個小時，每一刻都花在探索，或是躺在佳樂樹下的草地上休息，傾聽泉水飛濺、在沙漠中夜晚偶有的鳥鳴聲，或是單純去感覺沙漠微風掠過我們的身軀。每當妄念在我心中浮現，不管是驕傲或欲望，或是討厭、憤恨的感觸，她那雙永遠低垂而沈浸在一種我所不瞭解的喜悅中的眼睛，就突然間變得嚴肅起來，幾乎是帶著譴責的意味；我知道「她」對我在想什麼瞭如指掌。我毫無選擇餘地，只能觀照我自己的內心，彷彿站在鏡子前面，無所遁形。虛幻和污穢的妄念，就這樣簡單而安靜的止息了。這個止息是一種喜悅，不僅僅念頭的止息是一種喜悅，而且下一刻，「她」會給我獎賞，就好像給孩子一些糖作爲鼓勵。每一次當我淨化了念頭，「她」就會抱抱我、親親我，或是梳理我的頭髮。我就像小狗一樣，在花園裡接受訓練，觀照我的念頭、觀照我的心，淨化這些念頭。

晚上的課程有它們的節奏和速度，同時我繼續在學校的學習，也就是世間法的學習。晚上的課程似乎與這個世界離得很遠，事實也是如此；但是，白天的課程卻總是顯得比較眞實而重要。我的學校成績十分優越，讓我覺得既驕傲又朝氣蓬勃，直到有一天，我接到一封信，這種感覺達到了頂點。這封信蓋有國王玉璽，還有國王親自簽名，邀請我去首都宮廷與他見面，並准許我入學皇家學院。這是每一個鄉下學生的夢想，幾乎沒有人得過這種殊榮。我緊緊握住這封信，直奔「她」母親家，想把這份殊榮給「金髮女孩」看。

這是我所接受的課程中，在傲慢的課題上最稀有的教訓了。我永遠忘不了「她」的臉色，因爲事實上，我再也沒見「她」幾次了。她半坐半躺在沙發上，燦爛濃密的金髮披散到沙發背後，她穿著寬鬆、剪裁簡單、顏色柔美的短衫，上面印滿紅玫瑰的圖案，是用日本的金布做的，那時在我們的地方是很少見的。我突然闖進房間，把這封有國王玉璽和簽名的信，朝「她」那裡猛力丟過去。

「這是國王的信！他邀請我進宮，並且入學皇家學院！」

但是，又一次，在她那雙棕色眼睛裡，我看到「她」不屑的眼光，彷彿沒聽到我說些什麼。「她」只是再次往上望了我一眼，以一種全然的天眞無邪，混合著陶醉的喜悅，看起來像鹿或是其他野生動物。「她的」表情可能會被解讀爲純淨，甚至是全知的心靈。「她」仍然沒有說話，只是像鏡子般的照著我，讓我看到自己逐漸生起的傲慢心。我有些猶豫，但在年底前，我還是動身了，前往首都展開新生涯。

接下來幾年，歲月悠悠，可以濃縮成幾句話：我消化了首都、宮廷和皇家學院，它們也吞噬了我。我從那些具格的師長們，學到很多，卻瞭解很少。我帶著人人稱羨的學位回家，卻感覺非常空虛，甚至有些失落感。

我也失去了與「她」的連繫；我母親已經過世，我的兄弟們也離開了。「她」杳

2 痛苦

無芳蹤，我強烈感覺到有一股力量吸引著我去神秘「花園」，也強烈覺得如果我去「花園」，如果我能瞭解那個地方，我就會再度在那裡遇見「她」，不必徒勞無功的在外面世界尋找。所以，我找到一個小地方住下來，在那裡閱讀和寫作，晚上就造訪「花園」，花很長的時間在那裡散步，或坐在佳樂樹下的椅子上，或站在大門邊觀望，期待「她」的出現。

有一天晚上，我坐在「花園」裡祈禱，只祈禱能見到「她」。我感覺在黑夜中，有人從我背後走近。我的心跳了起來，我深深感恩祈禱奏效了。我抱著期待的心情轉身，往上看，但是卻看到另一個人往下看著我。我納悶這是什麼人，慢慢的，我認出他就是古代西藏一位學識淵博的偉大上師宗喀巴尊者，他現身在我面前。他完全和五百多年前雕版佛典中的照片一樣：不是英俊的臉，不是溫和的面容，不是我們所期待的那種臉，也不是我們所想像一位圓滿智慧和大慈大悲者該有的臉；不是那種寧靜俊美的臉，而是有些嚴肅，在小小臉上，有一雙具有穿透力的眼睛，誇張的大鼻子，老鷹般的嘴，又寬又長的耳朵。他渾身流露出凜然不可侵的威德，混合著氣吞山河、盡虛空遍法界、積極主動的慈悲。

「她不在這裡，」他簡單的說，「不管怎麼說，你眼前所看到的只有我一個人。不過，我可以幫助你追尋，也一定要幫你，因為這輩子你已經虛度光陰，而且除非你能從這個『花園』裡學到功課，否則還要繼續浪擲餘生。」

「但是，我沒有虛度光陰啊！」我反駁。「我已經就讀皇家學院，而且也以特優成績獲得學位，在這塊土地上，一百萬人中也找不到第二個，誰都沒有我耀眼。」

「我還是要說你虛度了光陰。這張文憑，這個皇家學院的學位能帶給你什麼？」

「我可以變成律師、醫師或任何其他偉大的、可敬的專業人士，還可以因此致富。」

「什麼財富？」他問道，並把我拉到他面前，像是要和我決鬥一般與我面對面站著。我看到他個子很矮，非常吃驚，同時越發覺得信心滿滿。

「財富，」我說：「我不是指龐大的錢財，我當然知道財富並不是人生唯一的目標，這點我已經在哲學課程中學習到了。我所謂的財富，是指可以讓一個人和他的家庭過得舒適的足夠財富。」

「擁有一個家庭、一個舒適的居家環境，吃得好、穿得好，過著美好合宜的生活，這就不算虛度光陰嗎？」

「不，當然不算。這是過著美好的生活，既充實又有意義的生活。」

他從「有意義」一詞談起，即使在黑暗中也可以看到他臉色變白，以老鷹般犀利的眼光凝視著我，他的大鼻子使他看來更像老鷹，然後他像老鷹抓小雞般抓住我的手臂。

「把生命只花在痛苦與煩惱上，全然不知道逃避痛苦和煩惱，就不算是虛度光陰嗎？」

我感到困惑。「當然生命如果只有痛苦與煩惱，那就是虛度光陰。但是，生命並非只有痛苦與煩惱；生命有美、生命有安慰；好的居家、好的家庭，有心愛的人關懷著我們，還有好朋友形影不離。」

「所以那就不算是痛苦？」他說，把我拉到他身邊，走過草坪到北邊的牆，逐漸接近大門，「骨折，或是割到手，或是失去母親，難道這些不算是痛苦嗎？」

這個時候，我想起了發生在自己身上的痛苦。「當然，這是痛苦，這些全都是痛苦，但生命不全然只是這些苦；這些苦只是偶爾來到，只是發生在某些日子、某些年。任何生命、任何人都不可能只有痛苦而沒有美好和快樂的事。」

「什麼樣的快樂？」他問。

「什麼快樂？」我再度感到非常驚訝，因爲這位走在我身邊的矮冬瓜，看來一點也不像偉大的哲學家。我開始覺得有點失望，不僅對他的外表失望，更對他的問話失望。「快樂，嗯，一個愉快、微笑的孩子，不是快樂是什麼？」

「這就是你對快樂的看法，只是一張愉快的孩子的臉嗎？」

「是啊！」我回答，「當然就是這張臉。誰能否定他的美？誰能說這是痛苦或是苦惱的事？」

他停頓了一會兒，轉身對著我，往上看，臉上似乎寫著憤怒與憐憫。「這個小孩，」他說：「這個小孩，難道不會遇到可怕的事情嗎？假如他長壽的話，難道不會看到他親愛的爸爸、媽媽的死亡嗎？難道不會碰到戰爭嗎？難道不會看到人類互相怨恨和施暴嗎？如果他長壽的話，難道不會看到失去他所愛的一切嗎？事實上，難道他可以避免變成齒牙動搖的、無助的、行將就木的老人嗎？」

我大吃一驚。「當然，當然所有這些事情都是有可能的……」

「可能？」他幾乎是對著我大吼。「事實上是相當可能發生的，而且可以說一定會如此。」

「是的，我認爲如此，這是非常有可能的。不管現在這個孩子感覺多麼快樂，將來都會遇到你所說的這些事情，他會變老，而且無助，甚至成爲一個痛苦的老人。」

「所以，你怎麼能說孩子的臉是美麗的呢？」他非常堅持的要求我回答。

「那是顯而易見的，」我反駁，我非常確定的、自然的從我內心深處湧出反對的聲音。「當孩子愉悅、微笑的看著我們時，孩子是快樂的，而且是美麗的，即使後來這個孩子變老，在他的生命中看到恐怖的事情或是令人憤怒的事情，但在年輕生命的這一刻，仍然是快樂而美麗的。」

「所以那是一件樂事，」他溫和體諒的回應我，「那麼，你把舌頭慢慢、深深的滑過剃刀，也是快樂的，沒有痛苦的囉？」

想到舌頭滑過剃刀，這個影像使我震驚。「不，當然會受傷，而且割得很深。」

「但是，假設，」他說：「剃刀上覆蓋一層蜂蜜，假設有剃刀藏在蜂蜜下面，當你舔蜂蜜的時候，品嘗到溫暖甜蜜的蜂蜜，不知道剃刀就在底下。當你察覺時，已經劃破舌頭了。」

「那應該只有痛苦，沒有快樂吧！我無法想像有比這更尖銳的痛苦。如果舔蜂蜜時，我舔到了剃刀邊緣、割傷了舌頭，那將只有痛苦而已。」

「所以你是說，」他以權威的口吻，讓我覺得就像我在學院和同學下棋，聽到他宣告我快要死棋，「你是說舔蜂蜜不是一件快樂的事。」

「蜂蜜本身嗎？」我自動迅速的回答：「是令人愉悅的。」

「但是，當你舔蜂蜜，蜂蜜底下的剃刀把你的舌頭割得一條條的，這是愉快的嗎？」

「不，我們已經說過那是不愉快的。」

「所以樂極生悲時，我們才說沒有快樂嗎？」

「是的。」我得意地回答道。

「是啊！」他也得意地說著，展現出一張孩子的臉：快樂的、美麗的，卻絕對是痛苦的。

3

禪　修

宗喀巴大師的話，對我影響甚深。現在，我母親的死，對我影響更大。但不是那種沮喪或是陷入絕望的心情；表面上，我仍然過著正常的生活，還是繼續學習、寫作，生活簡單舒適。然而，每當我散步時，死亡這件事就會在心中油然而生，散步與死亡，這兩者如影隨形。

我母親這一生一直美好富足：養育孩子、貢獻社會，歡喜照顧我們帶回家的陌生人。但是這一切有什麼意義呢？因為不管她過的是什麼日子，她仍然一天天蒼老，甚至死於可怕的癌症；因為在她死後沒多久，她生前——為她的兒子、她的家、她的工作——所做的一切，早已灰飛煙滅，被人忘得一乾二淨。她證明了宗喀巴大師在「花園」中對我所說的話真實不虛。美好的事物，如果也會被死亡和痛苦終結，就不是真的美好。在我的心中，宗喀巴大師的存在是為了她：他瞭解我的需要而來到「花園」，並帶給我解答。

死亡和散步，縈繞在我腦海數月之久。最後，這些念頭逼著我離開我們所居住的沙漠小鎮，去找了一座小寺院。一位仁慈、聖潔、飽學的住持，很高興的讓我進去，給了我一個小而靜謐的房間，而且幫我在附近一個貴族的莊園裡，找到圖書助理員的工作。

我在那裡花了很多時間研讀經論，在散步中思惟死亡，我感覺有一條路可以解決我的問題。我深深渴望著。因此，在昏天暗地的一年之後，我再度回到了「花園」，此時的沙漠地，時序正進入難以捉摸的春天，空氣中帶著一抹恬淡的芳香，石牆內的花園，鮮嫩的草坪和可愛的薔薇蓬勃生長。這是我最喜愛的地方，我在那裡等待「她」的來臨。

這次我並沒有等太久，但是我很快就感到失望了。因爲我感覺到黑暗中從大門逐漸進逼的腳步聲，和她的完全不同。

來者行如風，卻穩若泰山，不是小孩子那種跳躍式的腳步聲。我轉身看到偉大的禪修者蓮花戒大師。

他不是我所預期的樣子，我本來以爲會出現一位嚴肅、飽經風霜的人。他在一千一百多年前，一個鐘頭又一個鐘頭的在喜馬拉雅山的石崖上精進禪修，如今眞相大白。

他中等身材、微胖，他把袈裟捲到膝蓋上，露出一副小男孩般的可愛模樣。他的臉也與身體其他部位搭配得十分勻稱：圓潤、開朗的臉頰，飽滿的鼻子，印度人般黝黑的膚色，頂上一小撮白髮，閃閃發光的小眼睛，總是咯咯的笑著。

「想要瞭解佛法嗎？」他說。

「是的，當然了。」我回答。因爲人應該瞭解世間眞正的痛苦，以及熱切地尋求離苦的方法。

「**怎麼不想**？」他大笑：「**怎麼不想**？」

「我想知道爲什麼我的母親會死？」我沈重的回答：「還有，我想知道當時我應該要做什麼？而現在我還能爲她做些什麼呢？而且，我也想知道人是否都應該這樣做？」

「是啊！是啊！」他迅速的回答：「當然可以！**爲什麼不呢**？去學禪修！」他噗通坐在佳樂樹旁的一塊草坪上，這草坪對我來說是一塊聖地，因爲我與「她」在這棵樹下度過無數溫馨的夜晚。

他示意我坐在身旁，我曾經在學院和同學一起靜坐過，也讀過一些禪修的書，我筆直的坐下來，閉上雙眼，試著什麼都不想。

他咯咯的笑了起來，一掌打在我的背上，「**你在做什麼呀**？」他神情愉快的問道。

「禪坐！」我說。

「你賽跑前都不先做暖身運動的嗎？」他快樂的問。

「喔！沒有耶！」

「去做**暖身運動！**」他大笑，再度跳了起來。

「什麼是**暖身運動**？」我說，粗魯的動起腳來，我想到伸展操和其他一些令人不愉快的體操。

蓮花戒大師開始有點嚴肅的看著我。

「大家都想修禪定，卻沒有人知道正確的禪修方法，**立刻去做暖身運動吧！**」

「那麼，到底什麼是暖身運動呢？」

「首先，要**淨化**。」他大叫，並開始繞著那塊小草坪跑著，邊跑邊彎下腰撿起散落的葉子和樹枝，直到那塊草地光滑平整爲止，在月光下看起來十分賞心悅目，成爲一個很適合禪坐的地方。

「在你的房間也要這樣做，對吧？」

「對啊！」我回答，並開始坐了下來。

「不要忘了**禮物**！」他叫道。

「什麼禮物？」我說。

「重要的人物要來！」他咯咯的笑。「我們需要送他們一些好禮物。」

我半信半疑的看著花園大門，以爲會有一群和他一樣快樂的禪修者出現。

「誰會來？」我問。

「你不會看見任何人的。」他說，走到木椅那邊，從上衣裡面拿出七個小小的陶杯，排成一列。他盛來泉水，注滿在三個杯中。然後從有刺的灌木上，摘了一朵小紅花，放在第四個杯子裡（他做了一個簡短的祈禱，似乎在祈求允許他摘花）。再從泉水兩旁的鼠尾草和刺柏，摘下一些樹枝放在第五個杯子裡。另外蒐集了一些乾草，放進第六個杯子。再從大門旁的橘子樹摘下一顆橘子，剝了皮並放幾片在第七個杯子裡。他津津有味的吃著剩下的橘子，一邊吃、一邊說話，還塞幾片在我手裡。

「假設，」他在吃橘子的空檔說：「今天晚上禪修時，有個重要人物要來，也許是個有著金色秀髮、戴金色皇冠的女王……」他對我調皮的眨眨眼，好像知道爲什麼我的心老是放在這個地方。「你會想要讓他們賓至如歸，一如你們沙漠居民的待客之道。」

「但是，說眞的，你期待誰會來啊？」我問。

「一定得祈請諸佛如來！」他咯咯的笑著。「如果他們沒有與你同在，你如何禪修呢？除非你帶來你的心靈導師，否則你如何禪修呢？」

心靈導師這幾個字深深的敲在我心坎裡，我感到一陣刺痛，因爲在我觀想心靈導師時，唯一能觀想出來的就是我的全身散發金色光芒的「女孩」。

「嘿，」他繼續說，俯下身，「把杯子像這樣擺整齊。其中一杯是水，是晶瑩剔透的甘露，很適合款待貴賓。」

「下一杯也是水，」他把杯子重新排列組合，好像在玩骨牌遊戲。「這是一小碗溫暖的礦泉水，很適合給風塵僕僕的旅人洗腳。」

「第三杯是花。大家都喜歡花。」他深深的聞了聞香氣四溢的花朵。

「下一杯是香！」他在袈裟很深的褶縫裡，拿出打火石，點燃芳香的葉子。

「你隨時隨地都攜帶這些東西嗎？」我淡淡的問。

他緩緩的轉過身，看著我的臉，表情非常嚴肅。「你想要學佛嗎？去禪修。你想要禪修嗎？去**暖身**。當然，我隨時隨地攜帶這些東西，因爲我時時刻刻都在禪修！」

緊接著他用樹葉在下一個杯裡點燃乾草。「在訪客蒞臨時，點一盞燈是很美的。現在，把那一小杯水移到隔壁，那是香油膏，你可以塗在客人身上。現在，運用你的想像力去享受吧！我確信你一定可以觀想出你想要供養香油膏的人。」他若有所指瞄我一眼，似乎提醒我想起某個人。

「現在，在最後的杯子裡放幾片水果，供養尊貴的客人。」我很好奇到底什麼時候才會開始禪修；他感覺到了，或者說他知道了我的想法，使他有些惱火。「我們一定得從容不迫的做這些事，把這些禮物擺好。」

「什麼？你是說他們會享用這些禮物嗎？」我唐突的問。

「當然不會。你以爲諸佛如來需要吃這些東西或喝水嗎？」

「如果不會的話，爲什麼我們要把這些禮物擺出來呢？我還以爲我們就要禪修了。」

「想要賽跑嗎？先**熱身**吧。禪修不可能沒有心靈導師與你同在來協助你、加持你，賦予你力量。把禮物拿出來，證明你需要他們。向他們祈請，當我禪修時，他們能與我同在。」然後，蓮花戒大師突然唱起一首簡短的祈請文，他的臉圓潤可愛，精神抖擻，雖然閉著雙眼，卻好像正在看著上師們在滿天星斗的虛空中接受供養。

他停了下來，低下頭愉悅的看著我。「這是最後的供養了，也是我最喜愛的供養——在你坐下來禪修之前，供養他們一段音樂。」

「我們終於可以坐下來禪修了嗎？」我問道，語氣非常溫柔，因爲誰都無法否認蓮花戒大師在這個禪坐的地方所營造出來的美感；當然了，這座「花園」以及我的心，確實已經**溫暖**起來，以這種方式開始禪修是非常美的。

「是的，**爲什麼不**？是禪修的時間了！」他喊道。我蹲下身來，準備坐下，卻感覺他的手臂把我拉了起來。

「現在又怎麼了？」

「你忘記問訊了！」他說，似乎很驚訝我居然連這種禮貌也不懂。他雙手合掌在胸前，以非常虔誠感恩的心問訊，就好像有一位偉大的人物在他面前，然後他緩緩的坐在草地上。

我跟著做了，把自己安頓在草地上。但他卻像橡皮球一樣又彈了起來。我眞的快被激怒了，納悶到底要弄到多晚才能開始禪坐，我焦慮的坐著瞪著前方。他像蜜蜂採花一般，在我四周忙著。

「你的坐墊在哪裡？沒有坐墊嗎？墊子後面必須比前面高！」他抓住我的肩膀，把我往前推，然後使勁的把一小團布（這塊布很神秘的從他袈裟出現）塞進我的尾椎骨下方。

接著他的手放在我左腳的腳踝；「把它放在你的右大腿骨上面！把背挺直！」啪

的一聲！他把我的背打直，「右肩膀向下，讓兩肩平衡！」「把頭擺正，固定好！難道他們什麼都沒教你嗎？」我恨不得把這位逗趣的偉大上師絞死。

「頭不要往下，不要往上，就只是筆直的朝著前方，不要往左傾斜！」他的兩隻手像老虎鉗放在我的太陽穴上。「舌頭怎麼擺？」

「一如往常，就在我嘴裡。」我頂嘴，他好像沒有聽見。

「舌頭輕輕的抵在牙齒後面，讓嘴保持輕鬆，讓一切像平常一樣保持自然的呈現，」他非常熱心的說。「如果整晚都在吞嚥口水是無法禪修的，對不對？**不要用嘴呼吸！**你會口乾舌燥的！」他要我完全挺直，我不得不承認這種感覺相當好。

「我是不是該像圖片中的人一樣把兩條腿交叉在大腿上？」我問。

「全跏趺坐嗎？如果你能的話當然最好。除非你做更多的練習，否則你是無法結跏趺坐的。主要的是你要全然的感到舒適，這樣你才能專注，不必擔心膝蓋有多痛，你甚至可以坐在那邊的椅子上禪修。」他解釋著，並且迅速的滑下來，立即結了跏趺

3 禪修

坐，坐在我身旁。

我閉上雙眼，進入寧靜的狀態，就在這個祥和的「花園」中，在我的「金髮女神」的花園中——他又出現在我面前。

「怎麼，你要睡覺啦？」他問。

我張開眼睛，直視前方對面雕花的牆邊。

「你們這裡的人，是用心還是用眼睛禪修？」他又問。

我很生氣的看著他，「我認爲不是閉著眼睛，就是張開眼睛，不然要怎麼做？」

「看我！」他說，他的頭與身體挺直，但是雙眼半閉，輕輕的往下看，沒有聚焦在特定的目標上，好像陷入很深的遐思中，這就是我所瞭解的重點。「如果你變得注意力渙散，可以閉上眼睛。但是當你閉眼睛禪修時，很容易昏睡，所以閉著眼睛禪修是很困難的。你一定要確定眼睛不要張得太大，不然你會開始到處看，而且還要注意你眼前的背景樸實無華，就像單一顏色的一塊布或是一面牆，面前不要有東西晃動，吸引你的注意，使你分心。」

我照著他的話做，感覺我的心很快就進入清晰的焦點，我準備放空我的念頭……

他又站了起來，來回的跑著，和這種禪修大師一起禪坐，我真的感到非常沮喪。

「現在又怎麼了？」

「你有沒有聽到什麼聲音？」他焦慮的問。

我把眼睛往下看，專注的聽，我只聽到熟悉的泉水聲。

「靠牆那邊有泉水聲。」我答。

「**走吧！**」他大叫，走向凳子，把那些小杯子收起來。

「什麼？」我跳了起來。「就這樣，你現在一定要走嗎？你不能讓我待在你身旁禪修幾分鐘嗎？」

「不可能，」他說。「太吵！太吵！不適合禪修。早該注意到這一點，在嘈雜的環境中是不可能禪修的。」他指著令人煩擾的泉水說。

「也沒那麼大聲，」我說：「來試試看吧！」

蓮花戒大師很嚴肅的看著我。「你要我教你佛法。我告訴你沒有禪修就沒有佛法。你必須做選擇，你要美麗的泉水或是禪修？你要過去的人生——要你母親一般的人生——或是解脫？你要解脫還是泉水？你的未來人生也是要這樣不斷做抉擇。我走了。」

我失望的看了四周，被圍繞在佳樂樹樹幹周圍的磚塊吸引住，我抓起一塊磚，把它放在泉水的開口上，水就停止外流。我靜靜的問道：「現在可以開始禪修了嗎？」

「有何不可？」他咯咯的笑著，我們一起安詳的坐在草地上，很容易就進入內心的寧靜。

然後這個逗趣的矮冬瓜，就在我眼前變了一個人。他把左手放在大腿上，掌心向上，右手掌放在左手心上，也是掌心向上。兩個大拇指輕觸，稍微離開掌心。他閃閃發光的臉瞬間變得非常莊嚴，完全放鬆，完全寂靜，似乎把整座「花園」都吸進全然的寂靜中。這種寧靜是我所渴望的，是我的生命從不曾擁有過的，我急切的坐在他身旁。

第一次，我充滿感恩，蓮花戒大師是如此的寧靜，這種寧靜至少持續一段時間。然後，他低語：「我們談過**暖身**了嗎？」

「是的！是的！」我急切的回應，希望他能安靜下來。「記住，我們已經做了暖身。」

「不是那種**暖身**，」他小聲回應：「是另一種暖身。」

「你到底在說什麼？」我擔心的說，等待他的反擊，但是他仍然保持寧靜，只是用話引導我。

「如果你想跟著我進入眞正的禪修，你一定得有心理準備，否則你就會被遺棄了。」

「請教教我吧！」

「首先，你要注意呼吸，一呼一吸。看看你能不能數息十次，而不會讓你的心到處漫遊。以呼氣開始，然後吸氣：一呼一吸算一息。看能不能數息十次；剛開始如果你夠誠實的話，你就會發現在你數到十之前，你的心已經到處漫遊了。」

我試著照做，發現他是對的。在我的思緒跑到花園，或是跑到她身上時，我無法數息超過四次。

「夠了，」幾分鐘之後，他小聲的說。「觀照呼吸的重點，只是把心帶回中性狀態，慢慢抽離世間法的思緒漩渦，讓心專注。可是，觀照呼吸並不能讓我們達到修行的解脫目標。」

「現在想一下為什麼你會在這裡？你在尋找佛法。我知道你在找尋解答——關於一個好女人的死，以及找尋你從另一個人身上已發現的智慧。就在這個當下，你要做出決定，這些問題不可能在別處找到解答，而事實上也不可能在別處被問到。孩子們會問為什麼好人必須受苦和死亡？成年人就會教導他的孩子說：『不要再問了。』而這些孩子長大成年，就會告訴他們的孩子說，『這些問題是沒有解答的。』現在就決定你為什要跟我禪修。現在這個當下，你就要決定你會為一個眞實目標、一個終極目標而禪修。你在佛法中尋找這些解答。不要虛度生命，我們一起在這裡禪修，不要把生命浪費在任何次要的目標上。」

我思惟他所說的話，覺知他這番話是眞理，也感受到為了這一個理由來禪修的喜悅與正當性。

「接下來，在我們開始禪修之前，祈請諸佛如來降臨；祈請你的心靈導師降臨，請他們來指點我們、協助我們。你現在看不到他們，但是以後你就會看到；如果他們確實存在的話，如果他們就像大家所說的那樣，他們聽到你的心聲**就**會前來。你以最虔敬、誠懇的心向他們祈請，他們**就**會降臨此地。」

我照他的話做了，我覺得她現身了，與我非常的接近。我的心充滿虔敬，雀躍不已。

「我們上座之前，必須向他們禮敬。現在，再次向他們禮敬，因爲我告訴你，在你的心眼中，在你親眼見到他們的那一天，你會以快樂、敬畏的心，自然的撲倒在地上，稽首頂禮。」

我再一次照著他的話做，感覺非常好。

「好！好！繼續照我的話做。在這個世界，虔誠的人尋求禪修，但是卻發現他們無法達到禪修的深度與高度，因爲他們找不到禪修入門的方法，也就是我現在教導你的方法。下一步，觀想整個天空。」

我觀想我沙漠的家，那無垠遼闊的晴空。

「以芳香的紅玫瑰及象牙色的白玫瑰塡滿整個虛空，供養你的心靈導師，以及諸佛如來，然後溫柔的祈請他們的協助。」

我照做了，感覺非常好，在正式禪修之前，感覺到我的心更接近了深度禪修。

「我們仍然還有加行要做。首先清淨你的內心，因爲除非你問心無愧，否則是無法禪修的。這就是爲什麼很多人覺得禪修很困難，能領會到深度禪修奇蹟的人，更是鳳毛麟角。你的心一定要清淨，生活一定要淨化。現在想想你所做的、所說的，甚至所想的，有哪些已經傷害到別人？承認錯誤，對自己完全誠實，簡擇善惡，並決定不貳過。淨化你的心，將會意想不到的打開你禪修的心門。」

我靜靜的坐著，反省自己的言行，並沒有發現重大惡行，但是有許多日常生活中傷害別人的微細不善行，我把它們從心中淨除。

「很好！很好！這**眞有趣**！」他快樂的低語。「還有幾個加行；相反的，現在要好好想想你的善行，你對別人說過的好話，從過去到現在所有的良善、純淨思想——順便想想別人對你的好，從你的心靈導師想起，只是……**單純的以快樂、幸福、喜悅的心**享受所有美好的事。」

我做了，感覺到淨化心靈是一種美好的平衡。我的心突然注入一股非常美好的能量，十分渴望禪修就像一匹蓄勢待發的馬。

「現在祈請他們來引導你——你的心靈導師和諸佛如來。祈請他們持續不斷的示現，佛以種種方式化現人間（你無法揣測他們何時、何地會現身在你面前）。虔誠祈請他們化身爲你在世間及周遭人的老師，不斷的在修行上教導你、指引你。」

我懷著很深的虔敬心，進入了禪修的狀態。

「祈求他們與你同在，不管你有沒有看到，他們會隨時保佑你，把你帶向他們。」

我照做了，因而進入了很深的禪定狀態，全然的寧靜。當然，這是偉大的蓮花戒大師不能忍受的。

「寧靜很美吧？」他低語。

「喔……是……」我幾乎說不出話來。

「你以什麼爲禪修所緣？」他低語。

「我空掉我的心，試著不要想，當念頭出現的時候，只是純然的觀照。」

他矮胖的身軀，閃電般穿越了我們之間的空間，又再度現身在我面前，這一次他眞的生氣了。「傻子！那些傻子仍然活著！我以爲在一千年前就已經在辯論中終結了這些傻子！我要走了！」他又走向椅子和他的聖杯。

「等等啊！」我開始站起來，「我做錯了什麼？」

「教教我，我做錯了什麼？」

他在我面前坐下，在草地上兩腿交叉，呼吸粗重猛烈，緊靠著我的臉，然後他的表情柔和下來，溫和的問：「你想幫助你母親嗎？」

「當然，」我說：「你瞭解我的需求。」

「那麼，想想看——只是空掉你的心，靜坐一小時，對你有什麼好處呢？動物比如兔子不是也會這樣做嗎？那些醉漢酒過三巡後，不也一樣嗎？他們的心不是也會短暫空掉，安靜下來？來吧！想想看，告訴我，我們爲什麼要禪修？」

「因為我們在尋找眞理，而眞理就在禪修的靜默中。」

「只答對一半。禪修只不過是個工具，不是目標本身。禪修是斧頭，我們利用斧頭來砍樹。砍樹是智慧，絕對的智慧，這是修行的核心。為禪修而禪修，好像是把斧頭當薪材來燃燒，而不是用來砍柴。修行的目標是什麼？」

「我希望找到解答，為什麼我那善良的母親會死得如此痛苦？為什麼她會死？為什麼人——不管好人或是壞人——都會痛苦和死亡？為什麼所有的生命，所有生命造作的行為及其果報，都會變成痛苦和死亡？對我而言，這就是修行的目標。」

「好，是應該尋求解答。所以，現在你靜坐好幾小時或是好幾天、好幾個月，空掉你的心，就能找到答案嗎？就能免於疾病嗎？就能免於失去所愛的人與事嗎？就能免於變老嗎？就能免於一天天漏失身心的能量嗎？一言以蔽之，就能不死嗎？」

「我以為我辦得到；我以為如果我能坐在這裡，空掉我的心，不論寒暑、不論晴雨，長時間處在寧靜、祥和、寂靜的狀態，就能找到解答。我認為你是對的，無論如何，總有一天我會生病，最後衰老，再也無法坐在這裡禪修，然後死亡。」

「所以，」他急切的對我低語：「請跟著我學習眞正的禪修，學習利用禪修達到我們眞正的目標。」他在我身旁安頓下來，這一次，我很篤定他不會再站起來。

「禪修有三種方法。」他開始說，沒有移動禪坐的姿勢。「首先，在你心間放一幅心靈導師的影像。」

我很快就做到了，而且從容不迫的等待她出現，在我的心中，她的影像對我來說，一直是令人感到安適與慰藉的。

「禪修的第一個敵人，」他再度低語，「是放逸，就是不想禪修。所以我們一定要記得禪修的急迫性與神聖性，」他咯咯的笑著，「而且要選擇既重要又是我們所喜歡的禪修所緣境（對象）。」

「我會不斷的用指頭彈出聲音，」他繼續說：「我要你仔細的在你的心中做標記，在我發出響聲時，你就要告訴我，在那個當下，你的心在哪裡？這樣我就可以告訴你禪修的其他敵人，以及如何對治。」

我的心回到甜美的影像，我腦海中浮出這個「花園」的意象，想起了時間，一定時候不早了，開始懷疑我明天早上是否會在圖書館工作……**啪達**！

「你的心在哪裡？」蓮花戒大師問。

「我失去心靈導師的影像了，開始想起工作。」我不好意思的說。

「忘失所緣境是第三個敵人，」他說：「你把心定在這個影像上，逐漸熟悉它，時時銘記在心中，你要一直記住這個所緣境，心就會與影像契合。一天的禪修次數要多，每一座的時間要短，透過每次的禪修，奠定穩定的基礎，現在回到影像上。」

我照做了，而且更能呈現「她」可愛的形象。我的身體靜止不動，花園一片寂靜。禪修的感覺眞好。我開始覺得非常舒適，更加有信心。我的呼吸逐漸緩慢，身體一動也不動，「她」一直就在那裡，一種模糊的金色光……**啪達**！

「影像如何了？」他低聲說。

「很好，很好，」我回答，「我很寧靜，身體很舒適。」

「不，不！」他嚴厲的說：「**影像**。」

「哦，」我說：「她很好，穩定，輪廓有點模糊……」

「很典型！」他說，語氣稍帶嚴厲，「你的禪修已經掉入昏沈，這是一個大敵，因為它是看不見的敵人。昏沈久了，這個敵人就更明顯：你覺得昏昏欲睡，開始點頭，輕微昏沈，就純然是毒藥了；它欺騙你，告訴你修得很好，其實你是在恍惚中——許多禪修者就在這種情況下，浪費了生命中美好的部分。」

「所以我應該怎麼做？」我問。

「在你的心裡保留一個角落，我們稱為覺知。把它儲存，教它認識敵人的長相，讓它知道敵人來臨的信號，最重要的是教它提高警覺，當昏沈來麻醉你的禪修時，要向你提出警告。現在再回去觀想你的心靈導師。」

我有點吃驚，他居然知道我禪修的所緣境，但是我很快就定下來了。我把她的影像放在心中，開始回憶她的美，以及她在此處教導我的許多心靈課程。我尤其記得，那晚她天真無邪的離開泉源，毫不猶豫踏入水中，她的金髮飄逸，細緻而亮潔，但不會令人想入非非；只是與……合一。**啪達！**

「你的心在哪裡？」蓮花戒問。

「在美好的念頭、神聖的念頭中。」我躊躇的回答。

「也許是好念頭，但是如果會擾亂你的禪修，就是壞念頭了。你已經離開了影像，漫遊到其他念頭上，漫遊到其他的時間、空間，還有你喜歡的想法上。對不對？」我承認的確如此。

「這個敵人是掉舉：這是最常在禪修中出現的敵人，而且是強有力的敵人。我不需要再多講運用你的觀察力去覺察。我警告你這是昏沈的友伴。不管是昏沈或是掉舉，當他們跨過你禪修的門檻時，你都沒有舉起你的劍去對治，這就是懈怠了。

「對治昏沈，必須修『觀』和『念』。首先，觀想影像的輪廓，然後再觀想細部的臉、手等等。如果持續昏沈，把心放在深藍色的天空上，一個非常亮麗的藍天，讓你的心變成萬里晴空會讓你恢復活力，然後回到所緣境上。極端昏沈時，就以冷水潑臉，或是躺下來休息，如果你覺得非休息不可的話。

「對治掉舉，必須修『定』。讓心靜下來，身心放鬆，呼吸慢下來，如果有必要的話，再度數息，專注在所緣境上。禪修就像翱翔在遠方虛空中的巨鳥，就站在地面上的我們看來，牠們毫不費力在天空飛翔。但是事實上，牠們一直在做修正，隨著風向修正，當風向改變時就向另一個方向傾斜。

「你的禪修也很類似，你必須持續不斷觀照和修正，就好像彈琴，要不斷的調弦；既不能太鬆，也不能太緊，經過不斷的練習，你會水到渠成，禪修自然暢通無阻。這時候，你必須注意最後的敵人：不必要的調整。現在照我說的做，再回去你的所緣境。」

我照做了，觀起「她的」影像，真正的影像。我清晰、安靜的保持這個影像，不到幾分鐘，蓮花戒大師說：「好極了。現在進行第二種禪修，我們稱爲解決問題的禪修。我會給你一個問題，你把心凝聚在這個單一的問題上，並想辦法解決。這是很重要的禪修，將來你會受用無窮。」

「我會照做的。」

「現在聚焦在你生命中的某一個小小事件上，也許是個意外事件，但卻改變了你的人生，使你的生命更美好。」

我試了，立刻想起在感恩節宴會後，被遺忘在我母親家的小碟子，這個碟子引領我到「她的」門前。

「現在，仔細想想看，這是否眞的是偶發事件？我們知道它是偶發事件嗎？我們眞能確定是偶發事件嗎？有可能是某人設計好的嗎？是什麼促使他做這樣的安排？動機可能是什麼？是平凡的，還是神聖的？想想看，思量一下，加以分析，如果可能的話，做一個結論。」

我深沈的思考著，思考這件事對我人生的影響。小碟子的偶發事件確實對我的人生非常重要。我一直認爲它是偶發的，如果不是的話，比較像是單純有人希望我去認識這個女孩，比較不像是有人老早知道與女孩邂逅會讓我進入靈性道路；但是如果諸佛確實存在的話，如果他們看到的未來，就像我們看目前一樣清晰的話，我認爲……

蓮花戒大師打斷我的思緒：「時候不早了，你可以在這上面自己進一步思考，而且你得做到。現在學第三種禪修。我要你一一複習今晚我所教你的禪修次第，從最開始淨化草上的葉子起，透過整個心理上的暖身，把禪修的地方和你的心準備好，然後經歷各種禪修，再次複習我警告過你的禪修的敵人和對治方法。

「最後想一個結束禪修的適當方法：想像把一顆小石子，丟進池塘中央，漣漪慢慢向外擴散。今晚我們在這裡一起度過，今晚的禪修過程，也像漣漪一樣。它是一個事件，一個神聖的事件，它的影響力超乎你的想像；試著覺知這些漣漪，想著這些漣漪，祈求他們很快成爲幸福和幫助眾生的波紋，觸動你周遭眾生的心靈。」

我開始依據他的教導，回顧今晚禪修的經過。他安靜的坐在我身旁，進入很深的禪定。

不久，我腦海浮出最後一個問題，「蓮花戒大師！我該以什麼爲禪修的所緣境？是我心中的什麼影像、什麼問題或什麼觀想能回答我們談到的這些問題？」

「該從哪裡開始，就從那裡開始，」他回答。「觀想心靈導師在你面前，彷彿眞有其人。然後祈請『她的』協助，對『她』產生信心，也許，」他說，眼中閃爍著光芒，「『她』會來指導你。」

4
死後的生命

就這樣我學習禪坐，開始在早上和晚上規律的禪坐。我的專注力穩定的增長，而且也能夠靜坐較久的時間。因爲我持續定時禪坐，所以在兩座之間，越來越能保持寧靜的心，後一座禪修似乎緊接著前一座。兩座之間，我照常工作和生活，我感覺有較深的定力，一種非常敏銳的專注和逐漸增長的洞見，甚至對於日常的問題，有能力深入發現解決的方法。

我最想瞭解的是：爲什麼我的母親，一個善良的女人會受苦和死亡？是什麼力量促使世界上的每一件美好而純淨的事——每一種喜悅，每一種關係，每一樣成就——總是隨著時間，無可避免的崩毀，轉變成痛苦，甚至抹去它的存在？我覺得如果我能找到這種力量，或許可以改變它的因，並改變不可避免的果；因爲所有一切老、死的背後，一定會有一個因。

基於一種自私和個人的理由，隨著時間消逝，對母親的思念與日俱增。我常常想起她，不知道她是否仍然以某種方式存在？她會不會迷路？或是需要協助？如果她需要協助，我要如何得知呢？因此，我又再度回到花園，隨著時間與內在的成長，或許我可以得到解答。

夜闌人靜的沙漠，一片死寂，但爲了溫柔馥郁的微風，我一如往常來到聖地：一方面來自花園裡人工種植的夾竹桃香氣，另一方面從花園外面的沙漠，飄來野生的馬斯奎特，香氣清淡而悠遠。

我在大門前停了下來，以前我會在這裡站著觀望，等待「她」的來臨。但是，現在我突然想嘗試用別的方法尋找「她」，從我的內在把「她」帶入花園。所以，我進去「花園」，走到佳樂樹下，它的樹枝曾經是我和星空唯一的毯子，我再度坐在那簡單的木椅上。

我彎下腰，把頭埋在雙手中，只是聆聽「她」的到來。我把自己安頓在蓮花戒大師所教導的寧靜中，只是傾聽自己血液流動奔騰的聲音，傾聽呼吸的聲音，傾聽心跳的鼓聲隆隆——好像藉著傾聽，「她」就會被迫回到此地。

我的心空靈而寂靜，油然生起一個美妙的影像：她蓮步輕移，活潑可愛。她不是步伐規律的走路，而是舞蹈般的過來。我閉上眼睛，聆聽這種腳步聲，等了好久，仍然一無所獲。

終於，我安靜的心被沙沙作響的聲音打破了，這是非常緩慢而莊嚴的步伐。在黑暗中，反映出從我身後大門走來的人，果斷而堅毅。我轉過身，在月色中看見法稱大師，他的臉所透露出來的第一件事只是仁慈，沈思的棕色雙眼，溫和的、幾近悲傷的微笑。他給我的第二印象是一個威嚴十足、步履平穩的聖者，肩頸挺拔宛如軍人，舉手投足透露出果斷。最後的訊息是嚴厲，嚴謹直挺的鼻子，強韌的下巴，最重要的是隱藏在眼神背後的智慧、正直和無畏。他靜靜的站著，凝視著我一分之久，然後說：

「跟我在『花園』走走！」

我起身；我們開始往左邊走，走過低矮的石頭教堂，走向兩排棕櫚樹，最後到了花園的南邊。

「你是否想談什麼？」當我們走進朦朧月色中，他問。

我的心經常罣礙著死亡，我母親的死，懷疑她是否仍在某處活著。老實說，與死亡相關的事有兩件；我也想到自己的死亡，我幾乎無法想像、懷疑死亡是否眞的會發生？死後又如何呢？最重要的是，我死的時候，「她」是否會在身邊？死後我們是否會在一起？

「我們死後眞的還有生命，而且眞的有過去世嗎？」

「讓我問你問題，或許你會有解答。」他回答，語氣柔和，透露著關心，好像完全瞭解我所擔憂的事，而且弦外之音是要引導我去瞭解他話語背後鋼鐵般顚撲不破的邏輯。他以嚴密的理論令對手無處可逃，在一千三百年前的印度，挑戰並擊敗那些邏輯不清的對手。

「如果你願意的話，請！」

「身體是由什麼所組成的？」

「皮膚、血液、各種體液、堅硬的骨頭、較軟的器官，以及毛髮。」

「這些是屬於肉體的嗎？」

「是啊！當然，我們可以碰觸並感覺到、可以擠壓、有重量、會毀壞或分裂；必要的時候，甚至可以把它們切開。」

「心是由什麼所組成的？」

「我不知道在我們的時代，是否會說心是由什麼組成的，但它就是在那裡，裝進或多或少的念頭、願望和希望。當這些念頭通過我的心時，我會傾聽之。」

「這些念頭像是身體的一部分嗎？你能夠看見、觸摸或是分解它們嗎？」

「如果你指的是這些念頭有顏色、摸起來或硬或軟、是溫的或涼的，或是像海水撫摸我的手——不！並非如此！『心』是清澈的，透明像水晶，又像空氣，本身沒有重量，但是不斷的推移，穩定地流過我的一生。」

「但是你的心有所屬之地嗎？就像你的手臂、大腿和頭占用一個特定的地方嗎？」

「哦！據說的確有這樣一個地方，在頭部，在骨頭下方，我們稱爲腦……」我的聲音拖泥帶水，因爲我感覺他的身體輕微抽動，他的臉朝向我，像一頭從沈睡中醒來的猛獸，充滿危險。

「心在頭腦裡？」他嚴厲的問。

「是啊！我是這樣想的。」

「不是在你手裡嗎？」他說，突然用雙手抓緊我的手——我感到他手臂的力量。

「哦，也許……」我逐漸失去信心了。

「所以你沒有感覺到我的手指嗎？」但是，我感覺越來越不舒服。

「當然，我感覺到了。」

「所以你知道心就在你的手裡，你是覺知的嗎？」

「是啊，我是知道的，而且感覺到你的手。」

「所以，你的意識延伸到你的手嗎？」

「是的。」我開始感覺更加自信了。

「所以，你的心延伸到你的手嗎？」

「是的，是的，我的心、我的意識，周遍全身，到達我皮膚的邊緣，無處不到。」

「所以，我們可以說你的心在你的皮膚範圍內的每一個地方嗎？」

「是的，我們可以這麼說。」

「不會到達更遠嗎？」再次，他的眼中閃爍著堅毅，凝視著我。

「不，不會更遠了——超過我的指尖就感覺不到，超越身體的界線就感覺不到。」

「所以，你無法想……那個柔軟的草坪，回到泉水前面的佳樂樹下？」他有點淘氣的問，好像他知道我常常想起那個溫馨的床。

「當然，我能。」

「那麼，我們可以說你的心也會伸展到那裡，超越你手指的界線外，一路橫越過花園嗎？」

「是的，是的，我們可以這樣說。」

「所以眞正的心是難以形容的，無遠弗屆的，而且可以遠超過身體的限制嗎？」

「是的。」

「事實上，心與身體是相當不同的——心可以飛向遠方。可以想到遠方俯視我們的星星嗎？」

「是的。」

「心一點也不像身體，這個心像水晶般可以反應周遭的環境，也像鳥一般翱翔，不會受限於肉體和骨骼，無法碰觸，無法擠壓，無法秤出重量，它看不到、不能被切割、不能被衡量，對不對？」

「是的，都對！」

「所以，心可以隨意飛翔到任何地方，你怎麼能說心是大腦，或者說心是局限在大腦裡，或者位於大腦呢？」

當他的辯論越來越熱烈時，我覺得越來越不舒服了，因爲我的雙手完全被他的手包住，緊握在他的胸前。「我沒有說心就是腦，我說它在腦裡面。」

「所以，心和腦是相關的，心在腦周圍，事實上也在你身體的其餘部分嗎？」

「是的，的確如此！」

「那麼，你同意當我們說兩件事情相關時，意思就是說它們是分開的兩件事嗎？」

「是的，如果兩件事情有相關，它們必定是不同的兩件事——這是連小沙彌都知道的。」

「所以，我們都同意身心是相關的，是兩件完全不同的東西，是完全不同的東西嗎？」

「是的。」

「現在我問你其他的事情。」他說，他的姿勢改變了，仍然緊握我的手，但是左腳稍微伸出對著我；我知道一場強有力的辯論上場了，因爲這是古印度辯論者的姿勢，他們站著對對手大吼，側著身，像拳擊手一樣，縮小自己被攻擊的範圍，預先爲因應對手反擊做準備。

「身體會變化嗎？」

「當然，人變老，身體變老，有更多的皺紋，力氣變小，頭髮灰白。」

「爲什麼身體會變化呢？」

「有很多原因，但主要原因當然是它的因改變了，那是任何出家人所學習的第一件事。當因改變，果就會改變。當製造身體的能量耗盡了，身體就會衰損，一定會毀壞的。」

「所以，假如一個事物改變了，就證明它有因嗎？」

「是的！」

「構成身體的因是什麼？」

「這有許多因，但我認爲主要的因是父母——母親的血與卵子，以及父親的精液。當這兩個因結合，所有其他的助緣出現，細胞增長，身體就開始長大。」

「是的，對的！父精母血結合，身體就開始成長，這就是我們所說的親因緣——胚胎最初的東西，有如黏土是製成陶器的主因，但要製成陶器，還需有其他的緣出現，比如陶藝家的手和技術，還有窯、燒黏土的時間等等。親因緣——你應該要瞭解親因緣。樹的親因緣是什麼？」

「我猜想是樹的種子。」

「對的，助緣呢？」

「土壤、陽光、水，仔細照料等。」

「對的——是什麼使得親因緣和其他的助緣不同呢？」

「如你所說，我猜那是造成果的東西；在時機成熟時，變成結果的要素。種子可以在適當的時機變成小樹苗，而黏土可以變成盤子。」

「這個東西——親因緣——必須和結果中的物質相似嗎？」

「是的，我想是如此。事實上，它們應該有很多共同點，彼此非常相似。」

「所以，現在我們談到了重點。」法稱大師說，我發現他正帶我繼續走向花園最陰暗的地方，在南邊的牆角，棕櫚樹的樹影搖曳，遠離月光照射，這是她和我不曾冒險過的地方。「閉上眼睛！」他說。

我微笑著閉上眼睛，想到在如此黑暗的角落，眼睛閉上或是睜開，幾乎沒什麼差別。他打開我的手，把它貼在他的胸膛——他閉上琥珀色的眼睛，我感覺他進入了禪定，好像他打開了我與他的管道或是通道，從他的心到我的心，從他的胸膛到我的手。他再度開口：

「觀想你的心、流過你這輩子的歲月，你的心就像無形的、晶瑩剔透的水晶長河。」

我們靜默幾分鐘；我的念頭逐一呈現，回溯到童年的歲月。

「想想下午你還沒來花園的心。」

我照做了。

「今天下午，你的心的親因緣是什麼？是在今天下午先引起你的注意，而形成念頭的嗎？」

我可以清晰的看到；不需要，也不必期待解答，這是來自當天上午的心。

「再看一次——你上午的親因緣是什麼？」

我再檢驗一次，看見它就是前一晚的心持續到我醒來。

「今年的心從哪裡來？」

從去年的心來，當然，還可以再往前推。

「去年的心從哪裡來？」

「前年。」

「前年之前的心呢？」

「從我自己孩子時候的心，從小孩的心來。」

「小孩的心呢？」

「從嬰兒的心來。」

「嬰兒的心呢？」

從子宮裡的胎兒來。

「就在那裡——抓住它——把你的心放在那兒。在你無形心識的歷史長河中，想一個單一的小點，把你的心放在覺知的第一個剎那、第一個瞬間意識，也就是你在母親子宮裡的第一剎那的意識。」

當然我記不得，但是我可以想像——它一定就在那裡，我的第一念，第一剎那的覺知。我想是覺知到母親的溫暖與濕氣，覺知到母親在我身邊。

「停，把握住那一刹那——把心聚焦在那瞬間。」

我照做了。他一語不發，炯炯有神的看著我，不是用他的眼睛，而是用強有力的心。我們又打破了靜默。

「第一個瞬間的念頭會改變嗎？」

「當然，因爲我現在正在想，已經距離第一念許多年了。」

「所以，它有因嗎？」

「那是必然的！」

「它有親因緣嗎？」

「是的。」

「你的第一個念頭的親因緣是你能夠碰觸，或是擠壓，或是有重量，或是能切割的物質嗎？」

「不，不，我們已經說過了——親因緣必須是與心相似的東西，而非屬於身體的。」

「是另外一個心嗎？」

「當然！」

「誰的？」

「我父母的嗎？」

「你的想法和你父母親一樣嗎？」

「哪一方面？」

「你有他們的好惡、他們的洞見、他們的懷疑嗎？」

「有些是共有的，但不完全相同。」

「你有不同的心理狀態嗎？」

「是的，從我年輕的時候，我自己的心就有特別的好惡，以及其他的種種。」

「所以，如果不是你父母親的心形成你的第一個心，那麼在子宮裡的第一念覺知是誰的？」

「我自己的。」

「從何處來？」

「從以前來。」他放開我的手，我的手滑下，我們睜開了眼睛，他凝視著我，非常熱情，全神貫注，是一種神聖的狂喜。

我看見在我入母胎前，我曾經活過。

「好。」他點點頭，他的臉柔和下來，喜悅之火逐漸熄滅。他又變回一個安靜的老和尚，白髮，看不出年紀，或許四十、五十、六十，或許長生不老。「好，好，你已經看見了。現在你眞正準備好學習一些東西了。」他走向花園的東牆，那兒有強烈的光，潺潺的流水，靜靜的流過，我不由自主的跟著他。

5

死亡的旅程

在我和法稱論師你來我往的問答之後，我明白，我母親的確仍然存在——不是因爲我親眼目睹，而是因爲我用心看見了她；不是因爲我可以用心眼看見她，而是因爲我可以在心中證明她仍然存在；我知道這種證明與我用眼睛看見是一樣眞實的。我感覺我的命運也與她的命運相連，無論她已經去了何處，將來我也應該會去，我感覺這就是我們的連結。而且，我無論去何處，都要找到「金髮女孩」。

我盡可能透過禪修，來尋求瞭解這些事情，但是沒有人幫助，還是辦不到，我幾乎知道必然如此。我決意再回去「花園」——做這個決定並不難，因爲那裡一直是個充滿喜悅，且能讓我得到解答的地方。

此時正是隆冬，旅途因而受到阻礙，直到半夜，我才進入大門。這天沒有滿月，只有月牙兒，草頭上閃耀著薄霜。冷風刺骨，也割裂我的耐性，我第一次坐在佳樂樹旁的椅子上，不是背著大門，而是面對大門——幾乎是在要求「她」立刻出現。但我等了很久，最後只剩下強勁的信心，讓我凝視著大門頂上的鐵叉，那兒，我一定可以看到任何來人的臉。

當他來時，我大吃一驚——沒有發光的臉和金髮，沒有陽光和溫暖，只是一個空洞的骷髏頭，兩個眼窩凹陷在蒼白的顱骨上，出現在大門上方。他輕快的越過大門，走到我的椅子旁。一個幽靈，他的長袍拖在地上，增加了他的高度。然後，他來到我身旁，那張悲傷的臉往下瞪著我，是博學多聞的世親。

他看來憔悴，四肢修長，但並不瘦削，感覺相當強壯而果斷，我猜想他大約七十歲左右。以他的年紀而言，身上的肌肉算是相當發達。他的前額瘦削，下顎是方形的，肌肉緊張而往外伸展，好像他的皮膚是附著在骷髏上。他的嘴唇皺縮，緊緊嵌入他的臉頰；在嘴唇末梢，形成很深的線條，非常嚴肅。我說不出話來，等著他開口。他繼續站在我面前，往下瞪視，柔軟的草地和讓我愉快的泉水不再與我同在，退居我身後。

「你今天會死嗎？」他簡單的問。

在黑暗與孤寂中，若換做任何人像他這樣問話，我很可能把他當作在威脅——但是我信任他穿的袍子，和尚的袈裟，我只是簡單的回答：「我不知道。」

「想一想你今天會死嗎？」他質問。

「是有這個可能性，一定會遇到……但是還沒發生，我想不，今天不會死。」

「看看你的身體，」他命令。「這身體今天會死嗎？」

我往下盯著我的手，看看我的手指，在寒風中幾乎動彈不得。我想起母親屍體上的手，那個早上，我們發現她倒臥在自己的血泊中，癌症已經吞噬了她的心臟——

「是的，是的，這個身體會死。」

「當死亡來臨時，」他繼續用力的說：「你有逃避的地方嗎？有任何你所知道的地方是死魔無法到達的嗎？」

「不！沒有這種地方。巨石做的城堡、海上的船、森林深處的隱密處所、鐵屋，沒有一處是死魔無法到達的。死亡不會停下來，它會到達任何地方。」

「但是你很年輕，死亡不是老年人的事嗎？難道死亡攫取人們的生命，不是按邏輯順序，先是最老的，然後較年輕的？」

我想了一會兒。「我們都一定會死，所以，我們比較會在年長的人身上尋找死亡。但是，不是的，我無法說有一定的順序，死幾乎是隨機的，我很多年輕的朋友也過世——死亡似乎並不尊重次序。

「但是一定有一些手段可以阻止死亡，先進的醫藥、高僧的密法，一定有一些方法可以讓我們躲過死亡的。

「哦，有時有一些藥好像可以減緩死亡的來臨，但是沒有醫生找到可以完全阻止死亡的藥，也沒有僧侶發現可以避開死亡的密法。

「但是我們不能靠著聰明用藥、盡最大努力、發揮最高智慧、攝取健康食物、做運動，因而增加壽命嗎？」

我仔細的思考，因爲我經常被相同的問題困擾，但解答使我不安。「是的，我們可以做這些事情，或許可以增加生命的長度——但是，弔詭的是，即使我們在增加的時間內做運動，即使我們在多出的日子裡尋找健康食品烹煮來吃——即使我們做了這些事，那些時間也已經漏失了，冷酷無情的把我們更推向死亡。我們所活過的時間就是失去生命的時間，也是讓我們更靠近死亡的時間，我們無法停下來，無法慢下來，只有急速奔向死亡。」

世親靜靜的站著，當我自己說話的聲音從耳邊退去，我聽到來自身後的泉水聲，好像他在召喚我想起泉水，想起我的生命。岩石間的泉水，看起來像是堅實的物質，但，實際上，是不斷流失的珍貴時間，一去不復返。

「今天你禪坐幾小時？」他終於問道。

「哦，正常的話，我總是相當有規律的禪坐，但是今天我在圖書館有額外的工作，還要準備到這裡，然後在餐廳吃了快餐，還有……」

「回答問題！」

「我根本沒有禪坐，一點時間也沒有。」

「昨天呢？當你眞的有時間時，禪坐多久？你花多久專注於偉大的追尋？你花多少時間投注於你的靈性修持，而非投注很快就腐爛的肉體？」

「哦，昨天早上我禪坐將近一小時。」

「一整天只坐一小時？」他問。

「嗯，我通常試著坐一小時，有時在早上、有時在晚上。」

「只有一小時？」他重複一遍。

「嗯，這包括準備工作；白天經常有某些工作要準備，我的房間外也經常會有干擾。老實說，大概超過半小時，或只是二十分鐘。」

「一天有二十四小時，只坐二十分鐘？」他又問。

「是的，是的，當我能夠禪修時，我想全部大概二十分鐘。」我往下看著冷冷的地上。

「吃呢，花多少時間吃東西？」他問。「睡覺、與朋友交談，漫不經心的想著你可能已經完成，或是正在做的事，甚至是上廁所，花了多少時間？」

「哦，所有這些事我都有做——日子就是這樣過的，我就是這樣度過一天的。」

「所以，你眞的好像已經死了；在死亡前，寶貴的時間是如此稀少，而且這些寶貴的時間都被浪費掉了，所以眞的一點時間也沒有，你根本沒有時間。我說，你幾乎等於已經死了。」

我沈默的坐著。

「你知道嗎？」他溫和的說，好像出自親身的經驗，「對一個七十歲的人來說，他背後的生命像什麼呢？」

「不，我仍然年輕。」

他嘆息。「想像一個很長的夢，像生命本身的夢，充滿快樂的經驗，雖然難免會有煞風景的巨痛，但是仍然多采多姿。」

我可以想像出來。

「現在，想像醒著的時刻。」

這我也能想像。

「現在想像這個人的感覺，他剛從夢中醒來，回頭看這個夢。」

我照做了，因爲我也做過這樣的夢，我很驚訝整個夢似乎只是一眨眼的工夫，很快就流失過去。他點點頭，仍然沈默的站了一會兒，然後，再一次，「我問你——你今天會死嗎？」

「我眞的不知道。」我誠實的說。

「那麼，我講一個故事給你聽，」他平靜的說，聲音有些刺耳。「有一個人，他對另一個強壯的危險人物，做了一些惡劣的事。這個危險人物威脅他，發誓在這個月底之前，他會在晚上闖入他家，割斷他的喉嚨。」

我聽了他的話，不寒而慄，在這寒風刺骨的夜晚，這種感覺席捲了我整個珍視的

「花園」。

「現在我問你；如果有做準備——房門有上鎖，百葉窗有栓好，想好當這一刻來臨時，向外求救的方法——如果知道帶刀的人在月底之前的某個晚上或任何一晚會來，第一個人在回去當晚就做好準備比較好呢？或者等到隔天晚上，或是在五天後才做準備比較好？」

「當然，他應該立即做準備。」

「但是萬一帶刀的人來得晚，或是在這個月的最後一晚或前一晚才來，怎麼辦？」

「沒關係，因爲已經做好準備；如果準備得晚，而兇手早到，那麼，一切都完了。」

「當然，你說對了。人的生命有多長？」

「現代的話，七十歲，人可以活到七十歲。」

「不，不，我不是問平均歲數。我問，人類生命有多長？一個人能活多久？」

「有些人長壽，有些短壽，現代人大多活到七十歲左右。」

他清了清喉嚨，轉移目光，好像快要生氣了。

「我再問你一次，人類生命有多長？」

「哦，如果你要那樣說……」

「怎麼樣？」他反駁。

「哦，好吧！我說不出來，我不知道，人類生命沒有固定長度——有些死於老年，有些死於盛年，有些死於花樣年華，有些死於嬰兒，有些甚至在離開子宮之前就死了。我們的生命，任何人的生命，並沒有固定的日子。」

「人是容易死，還是不容易死？」他毫不留情的繼續問。

「我覺得有些不容易死；我已經活了二十多年，甚至比堅固的貨車久，幾乎是沙漠地區石頭和灰泥所造的屋齡的一半。」

「所以，你從來沒有看到或聽到有人死於小小刀傷的感染，或者因滑入小水池而死，或者被人突然暴怒打一拳而死？」

「是的，這些我全看過，也聽過。」

「你從來沒有看過或聽說，有人被原本應該讓我們活命的東西所殺死？從來不知道有人被貨車碾過，或是被母牛踢得腦袋開花？有人被他太太精心製作的佳餚噎死？有人死於治療他的醫生之手？有人從家裡的樓梯跌死？有人被遮風避雨的房子掉落的磚塊或瓦片所殺？」

「正是如此，我想這是經常發生的。」

「你學過生理學，告訴我肺的功能是什麼？」

「降低體溫，補充空氣，中和膽汁裡較熱元素的影響。」

「肝的功能是什麼？」

「分泌膽汁，幫助消化，讓食物可以成為身體的燃料和提供溫暖。」

「假如身體的溫度不足，假如肺周邊的風太強呢？」

「會死於肺炎。」

「如果風減弱，體溫降不下來呢？」

「會高燒不退而死。」

「所以，可以說我們這部看似完美平衡運作的身體機器，實際上仍有一些致命的意外等著發生；身體每一器官的作用，將會讓器官彼此戰爭，這幾乎只是時間的問題。總有一天，某個器官將控制支配其他器官，並殺掉這副身體。」

自己的身體就會殺死自己，不必等待外物來殺，這種論調聽來很奇怪，而我得承認這是眞的。

「就是如此。」

「這副身體很容易被殺害，難道不是眞的嗎？我們尋找各種各樣的東西來蔽身、飲食、行動和提供樂趣，事實上，難道不是這些東西或甚至是身體本身最可能殺死我們嗎？」

一想到我們很自然不肯想的問題，我就覺得越來越不舒服，但是我得同意確實如此，於是沈默的點點頭。

「進一步來說，我們忙忙碌碌一輩子，難道不是爲了滿足身體的生理需求，而這卻是無法做到的事嗎？在這個地球上的男男女女，一整天工作，只求溫飽，卻常常失敗而死於匱乏，不是嗎？」

「是的，都對，都對。」

「因此，你必須承認，我們都是爲死而生，我說的對嗎？」

我又點點頭。

世親再次沈默，整個花園落入一股巨大的寧靜中。這種寧靜，一點也不像蓮花戒大師在禪定中的喜悅寧靜，而比較像死亡的寧靜、冬天的寧靜；整座花園好像完全由石牆所造成，沒有可愛的植物和樹的生命力。

我再次抬頭看著他；他轉移目光，入神的望向右方南邊牆上一片漆黑的暗夜。然後，又往下看我，臉色已變，使我一驚：石頭般冰冷的臉，瞬間燃燒著慈悲，他的眼睛明亮，熱淚盈眶。

「如果某個人有家人和朋友——親愛的人、親密友伴、一生的伴侶、妻子與孩子、陪伴著他度過一生的同袍——當他臨終時躺在床上，他的親友都站在床邊，圍繞著他哭泣；有些人緊緊抓住他的手，而其他人伸手去碰觸他的臉頰，或是胸部，或是腿。」

「是的，是的，我親眼見過，我自己就在病床邊。」

「你看到即使別人怎麼緊緊抓住他，他還是得走嗎？」

「是的，看過。」

「自己單獨走？」

「是的，單獨走；其他人可以握著他，但不能隨行。」

「但是，即使沒有人能跟他走，他還是可以選擇帶走一些他喜愛的東西，一些他耗盡一生追求、工作得來，處心積慮囤積在所謂家中的東西嗎？」

「不，不，一生都被浪費掉了，每一樣東西、每一樣東西的碎片、每一分錢、每一件財產，萬般帶不去。」

「但是身體呢？即使是最寶貴、最珍惜的身體呢？即使是我們的身體，多年來，我們一直盡心餵養，為了讓它保暖和美麗，我們費心穿衣，我們每天精心設計不同的髮型，我們沐浴並上油保養細緻的皮膚，我們的臉，我們的身分呢？」

「不，什麼都不，不只身體，甚至連名字都帶不走。我們什麼都帶不走，我們完全是孤獨的。」

「在這一刻、在最後這一刻，請誰來幫忙呢？有親近的朋友可以來幫忙嗎？可以請來有錢有勢的支援者嗎？死亡這一刻，可以向醫生求救嗎？」

「不，不，沒有用的。沒有人可以召喚，找不到任何人的。」

「那麼，結論就是說我們一定得死？」

「是的。」

我幾乎不敢抬頭看他。「是的，他們都是這麼說的。」他很憤怒的瞪著我，就像發現背叛者一般——他的謊言造成許多無辜的人痛苦與死亡。「你能給我任何證明，」他要求，「當身體死亡時，心也死了嗎？」

「哦，當身體死亡時，這個人就停止動、停止說話，而且好像也停止思考。」

「你能看到、你知道他停止思考嗎？」

「不，我們看不到心。它不像身體，它和身體的組成元素不同；它是無形的，但有覺知力，不像骨頭和皮膚可以被碰觸、被切割、被衡量。但是，我們可以從身體、臉部的表情和聲音猜測心的想法。」

「所以，你是說當身體毀壞、無法修補時——身體失去活動舌頭和臉部表情的能力時——僅僅因爲它再也無法表達臉部表情和話語，我們就說這個無形卻能覺知、被我們稱爲『心』的東西就結束了嗎？」

我知道他的意思：彷彿是說一個騎士必定會死，只因爲他的馬死了；一隻握住鐵鎚的手一定會壞死——只因爲鐵鎚的把手斷了。我開始領悟到，當表達心的工具壞滅時，無形而永不滅盡的心一定會死——我們相信這種概念，只是因爲我們的父母如此相信；我們相信這種未經檢驗的想法，只是因爲周遭的人如此相信。我們自從孩提時代就如此相信，我們的孩子將來也會如此，只因爲我們如此，他們也絕對沒有不信的理由。我沒有任何根據可以提供給世親，證明心應該會死，只因爲身體死了，我們再也看不到心對身體的影響。

「我知道你已經以萬無一失的理智之眼，看見你的過去世；也許你不瞭解細節——我不是說你可以輕易的知道細節——但如果你能拋開小時候別人灌輸給你的種種假設，冷靜的做邏輯分析，你就知道你有前世。以此類推，你的心必然會持續到來世，這是完全符合邏輯的。」

「但願如此。」我說，帶著一絲希望。因爲我們終於討論到我來花園的重點——尋找我母親的訊息、我的未來，以及與她在一起的未來。

「那麼，當然，它一定會到某處去。」他簡單的說。

「是的，」我說，「我聽過他們討論這個問題；轉世的問題；如何發現目前活著的人，誰是過去世我們所愛的人呢？有些人去找通靈人士，他會告訴我們所愛的人的去處。」我抬頭看世親，看他的智慧如何指點我。

他直視我的雙眼，這次任淚水滑落瘦骨嶙峋的臉，他充滿情緒的哽咽著。「你認爲，」他柔和的問，「你現在活著的生命，你母親活過的生命，人類的生命很容易得到嗎？你認爲心會持續來到人身，而有生命嗎？」

「哦，據說是這樣。」我堅定的回答，不想從他那裡聽到我所懷疑的事。

他移開目光，然後視線又轉回來。「你確實想過，你曾瞬間想過，你眼前的世界是唯一的世界嗎？你眞的認爲一個正常思考的人，會相信自己能看到宇宙的一切生命嗎？從你此時此地看到的世界，難道你不相信另有其他世界嗎？事實上，可能有無盡的其他世界，是你尚未覺知到的嗎？」

我稍做思考，沿著他的肩膀，看到寒空中的星辰，想著花園裡的草和泉水中的眾多有形、無形微生物，想起心中無盡的房間，想起我相當熟悉的地方，想起我知道我根本連發現都還不曾發現的地方——我必須承認我所知道的世界，可能只是浩瀚宇宙中的一粒沙。接踵而來的想法，是一種完全的絕望：我是否可以再見到我的母親？

他覺察到我的想法，語氣溫和，但堅定的說：「我會簡短告訴你這些法界的情形；你現在不一定要相信我，但時機一到，自然會得到證明，他們會顯現出來，你也會親眼目睹——我應該說，你將會見到他們——當時機成熟時。

「第一、心所到的各種法界。首先，你一睜開眼就會發現這個已經長成的人身，而『你』就住在其中。當你抬頭往上看，看到的第一件東西就是另外一個人，他拿著刀棍，兇猛的衝著你來。你直覺的伸手去抓地上的任何東西，你拿起棍子或石頭，內在有一股力量驅使你也去攻擊——你就這樣活著，一生就只是猛烈的殺，奮力的殺你周遭的人，或者被殺。如果被殺，你會困在某種奇特的習氣之中，很難脫身；你覺得你是不能死的，必須在幾分鐘之內站起來，掙扎、受苦，一遍又一遍的輪轉千萬年。

「第二、當你睜開眼睛就陷入火海的法界。你死不了，你被火燒著，你感覺被燒的痛苦，你大喊大叫，只能瘋狂的喊叫，除此之外無計可施，你被火焚身。

「第三、奔跑的法界。只是奔跑，為了逃避可怕的狗，不斷奔跑，牠的鐵牙撕裂你的腿，你無處可逃，沒有終點，只能奔跑。

「第四、永遠匱乏的法界，被飢渴所驅使的餓鬼法界。他們終日哀嚎呻吟，到處流蕩，追尋永遠找不到的慰藉，只是永無止境、一籌莫展的尋找寧靜。這些法界你現在看不到。」

他停頓了一下，又轉移視線，我第一次覺知到我的臉濕了，沾滿了他的淚水。

「即使這個世界，即使這個你看得見的法界……」他靜靜的說。「觀想你就是這個法界裡的動物。我瞭解你們人類，我知道你們的想法，你們認爲動物活在某種自然的和諧中，生活在草、木、山水中。但是，讓我告訴你眞相，如果我說錯了，就阻止我說下去。你想爲什麼當你接近鳥時，牠會飛走？爲什麼當人的手劃過水面時，魚會匆忙游開？爲什麼鹿、狐狸、烏鴉、老鼠等，總是在你靠近時，就驚慌逃避？

「這是因爲動物的生活就是恐懼；動物的生活只有一件事，只有一種活動，那就是避免成爲其他動物的食物。動物不是吃，就是被吃。牠們弱肉強食，牠們奔跑是因爲不想被吃。牠們一生都在躲避危險，而你就是牠們的天敵。你是比牠們更有力的動物，也是主要的危險來源。你是會捕捉牠們的動物，會強迫牠們做你的工作，會剝牠們的皮做成你的衣裳，你會吃牠們的肉當食物。

「確實了解動物的眞相！確實了解你所看見的法界的眞相！而且不要，」他幾近生氣的說，「不要幻想，不要欺騙自己，以爲心會緣取這種生命，你的心絕對不會緣取。不要如此自大，不要如此輕率，用心思考，瞭解你的心會相續不斷，一定會趣向某處；瞭解其他人的心已經進入這些法界，瞭解你的心也很有可能會到這些法界。心不會死，也不可能被停下來。你無法停止你的心，縱使你希望停止，它也一定會相續不斷，有些法界是超乎你想像的痛苦，而你的心也很有可能會趣向這些法界。」

在結束這段激動的談話後，他站了起來，幾乎上氣不接下氣，彷彿他的年紀和寒冷的天氣窒息了他。他往下看著我，既累且悲。

「你一定不可以去這些法界，我不要你去。我們以前說過，在你死亡的那一刻，沒有任何東西、沒有人能幫助你。但並非如此，因爲有某樣東西可以幫你，那就是知識，神聖的知識、心靈的知識。你可以學習這種知識，而且你將會學習到。然而，目前先暫時複習我所教你的死亡三原則：死亡是確定的，死亡時間是不確定的，死時沒有任何世間法可以幫助你。好好思惟這三點，對自己證明死亡的三個原則，這就是死隨念。

「我不是爲了讓你擔憂而說，我無意嚇唬你，這並不是死隨念的目的。一個從未學習過這種法門的人，一個從未修過死隨念的人，會引起——強烈的引起——對死亡的恐懼，而且會在死亡那一刻充滿驚慌。但是，如果你學習了這個法門，熟練它，學習為死亡做準備，那麼你就會帶著信心死去，於死無懼，因為你已經計畫好行程；你知道超越死亡的法門，以及超越死亡的法界——好的法界，好的地方。

「在這個月結束之前，一個壯漢會帶著刀前來謀害他的敵人。鎖好門，把自己準備好；學習該學的，就從——今晚開始。」

6
解　脫

與世親大師在一起的寒夜，給我留下很大的震撼，感覺我所得到的不只是我想尋找的答案而已。如果他所說的話都是眞的，而我又不能在心中推翻他的說法，那麼我被迫去面對的，不僅只是渺茫的渴望而已——尋找母親，幫助母親，並瞭解「花園女孩」帶給我的心靈啓示（這是我認爲很重要的事）；更準確的說，我必須面對比這些急迫得多的事。假如心在死亡時，不會停下來——就我所知，絕對沒有相關證據——如果我死後，我的心會進入無量無邊不同的法界與各式各樣的生命形式；從世親大師的眼淚來判斷，如果很多生命都只有苦沒有樂，那麼我這種悠閒的追尋，在時間與自己的死亡之前，絕對是敗將。

因此我在隔年的初春，就盡可能放下工作，前往「花園」。這個時節沙漠正處於不穩定的狀態，但不像陸地綠意盎然，欣欣向榮，春風開始喚醒枝枒，吐出嫩芽；此時的沙漠，白天，溫暖中有清涼的愉悅氣息；到了晚上，雖然轉變成乾冷的氣候，但是寒氣中帶著暖意，也不至於不舒服。白天鮮明柔和的色彩，在夜晚開始慢慢轉深。

6 解脫

進了「花園」的大門，這次我直覺的坐在新抽芽的柔軟草坪上，沒有坐到往常的椅子上。我坐下來，立起雙膝，把下巴靠在膝蓋上，看著從泉水邊緣流出晶瑩剔透的水，閉上眼睛，夢想著「她」終究會來，卻有近鄉情怯的羞澀。

我沒有聽到聲音，但立即感覺到身邊飄來不尋常的氣氛，先是光芒四射的溫暖，然後是一種無法用筆墨形容的幽雅香氣，有點像黃梔、木槿與蜂蜜融合的香氣，是一種脫俗的溫暖。這是我身爲成人，在此處經驗到最接近「她」的東西。我在心中默禱，將右臉頰貼在膝上，轉向左邊，慢慢睜開雙眼。

雖然我記憶中不曾見過這樣的人物，或即使見過也不曾注意，但他一出現，我立即知道他是彌勒——當來下生佛。我從古老唐卡中認出他的樣子，就算唐卡是嘔心瀝血的佳作，也未能勾勒出他的神韻；我想自從最後一個見過他的人，將他的五部大論帶回人間之後，一千六百多年來的畫家，企圖在唐卡上重現他的莊嚴恢弘時，必定感到非常挫折。

他和我一樣坐到草地上，盤起腿，挺直背脊，全身上下表現出絕對的優雅與自在。他黑而長的頭髮傾洩在雙肩上，身材修長健美，充滿青春活力，閃耀著柔和細緻的金光。他綁著亮麗的絲質藍色腰帶，戴著各式各樣的珠寶，散發出燦爛純眞的光輝：金光閃爍的土耳其藍耳環，柔和潔白的鑽石項鍊，胸前掛著紅寶石及月光石項鍊，精雕細琢的金銀絲藍寶石臂釧，足踝的金鍊編織著玫瑰、黑檀、象牙色的珠寶。

他的臉龐堅毅俊美，雖然舉手投足之間，有非常吸引人的女性特質，卻是十足的男子漢。他本身就是圓滿具足的化身。他以純淨的愛與慈悲看著我，好像我就是他的孩子、愛人、妻子、親愛的弟兄；這是一種深沈的關愛，彷彿他剛剛得知我罹患重病，不久將離開人世一般。

「我眞的很愛你。」他很自然的說出這第一句話，一派怡然自得，彷彿對一個完全陌生的人本來就該如此，而且態度非常誠懇。

我笑了，立刻感覺到面前是一位多年的摯友。我們坐著，看進彼此的眼裡，此時無聲勝有聲。不知道過了多久時間，他移開目光，凝視著珍奇、可愛的沙漠之泉，然後又開口說話。

「我知道你的心，我知道你過去的心，我知道你未來的心，我知道你現在的心：我瞭解你的心，這是我的榮幸，」他緩緩轉過來看我的眼睛。「如果我們能一起享受談話的樂趣，我邀請你談話。親愛的，以你最快樂的方式談，我也會加入的。」

我感覺我們之間沒有距離，我毫不猶豫的，放心向他傾訴我心中的想法。我告訴他，我為母親的處境感到驚恐，因為我知道她一定仍然存在著，而且知道她現在可能陷入極端危險中。同時，我也迷失了自己，我感覺要在這「花園」找到「她」（金髮女孩），與「她」在一起是越來越無望了。他非常專注的聽著，那個表情，在那一瞬間，讓我覺得好像一個天真、純潔無瑕的可愛孩子，張著大眼凝視著他母親的臉。

「我要你找出你到底在追尋什麼，沒有比這更讓我喜悅了。」聽起來非常誠懇眞實。「我最不想做的一件事情，就是引起你更加懷疑、更加憂慮，但是我一定要說眞實語——我不打誑語——我告訴你：世親所提到的這些恐怖法界，也許無法與你自己所處的世界、人道的痛苦相比擬；但以我們這樣的人看來，你和地球人類的痛苦，遠甚於其他隱藏的世界。

「也許這是因爲你很快就要遠離痛苦，因爲你內心已具足達到完全解脫的條件。或者也許，」他說，他的臉突然有點扭曲，好像快要哭出來的樣子。「或許你沒有覺察自己在受苦，所以才很難觀照到你在受什麼苦。你其實是在默默承受綿延不絕、絕望的痛苦。」

「這些痛苦是什麼？教我認識這些苦，至少我可以瞭解眞相。」我發現自己以請求的口吻說著，彷彿請求別人說出自己早就知道、卻不敢面對的沈重眞相。

他把那閃耀金光的臉轉向我，以慈愛的深褐色眼睛看著我，溫柔的說：「你現在所居住的世界，你被迫要順從的生活，都是變動不居的。你難道沒有注意到嗎？你無法信任任何東西，因爲沒有一樣是固定不變的。轉動你世界的力量，創造出你自己和你世界的力量，主宰你一生所有動作和事件的力量，都有某種特質，瞬息萬變的特質。所以，在你的世界中，沒有任何一樣東西可以爲你保留很久。

「這是最大的傷害，」他輕輕的嘆息，「當你們終於找到一個你可以愛他，而他也愛你的人，然而後來齒輪卻變調了，力量換檔了——你做不了主，這眞的不是你的錯，但是你卻被某種已發動的力量所驅使——你們兩人都變了，愛變成喜歡，喜歡變成忽視，忽視變成不喜歡，不喜歡最後變成恨，事情就這樣發生。所以在你的世界裡，由於世界無常的本質，經常你會痛恨當初你所愛的人，那些你最親近的人，最後竟變得一點感覺都沒有。」

由我的一生，就可以證實他的話是眞理。傾聽他所說的話，我的痛苦泉湧而出，朝著他散發出去——在半途遇到了他的金光，我感覺到彷彿是一位父親正擁抱著他受傷的孩子，只要父親出現就是孩子最大的安慰。

他停頓了一下，似乎不願意繼續講下去。但我靜靜的點頭，無言的請他繼續，好像我們彼此都知道我需要瞭解眞相，如此我才能解脫，如此我才會想要解脫。

他直視我的臉，彷彿要以他那慈愛的眼神抱住我。「你們人還有另一種痛苦，這是最殘酷的痛苦，我現在告訴你，只是因爲我愛你。在你們目前的情況下，你們完全不可能產生滿足的感覺。你們的欲望是無窮的，就像有一個人拿著巨大的鞭子在後面鞭策著你們，毫不留情的鞭策你們往前進，驅使你們去取得超過你們所應該擁有的東西，越多越好。你們像小昆蟲一般，絕望的搏鬥，從這個世界、從同伴身上巧取豪奪一些微乎其微、不重要的快樂。一旦得到這種快樂，不滿足的欲望又迫使你們再度起來，再爲另一個微不足道、不重要的快樂奔波，就算你有狗屎運得到這種快樂，你還是不滿足。你坐立難安，無止境的追求……」他停了一下，彷彿一想到我們的心如何貪婪，就感到痛苦。

「想像，」他說，這次透視過我的身體，看著虛空的某一點，「想像以全知的心坐下來觀想蒼穹中的無盡星球會是什麼感覺。這些星球上有無盡的眾生，在早上醒來，被貪欲無情的驅使與鞭打，耗盡生命的寶貴時間，去追逐無意義的快樂。這種快樂越來越難取得，即使取得了，也不可能永遠保有。然後眼睜睜看著這些可憐的動物倒下，筋疲力盡，死於這些徒勞無功的努力——全都是因為他們無法滿足於已經擁有的東西。總之，他們所需要的是得到和我一樣眞正的快樂。」

彌勒這次停頓了很久，這是一種殘酷的默然。純淨的愛，反而是無心的嚴厲懲罰，因爲我知道他正在描述我這一生及我周遭人的生活。

最後他躺到草地上，就像貓一樣慵懶的、忘我的動了起來，一把抓起佳樂樹根間的沙子。他翻過身，臉朝下，目不轉睛的盯著草。他的臉散發出輕柔的光，照亮了草。他緩緩的、如夢般的舉起一把沙子，然後開始放掉細沙；細沙流過他臉上發出來的光，閃閃發亮，在草葉間聚成小堆。

「看那一堆，」他溫和的命令我。「觀想它是喜馬拉雅山，高聳入雲，擋住半邊天，超乎想像之外的高大。每一粒細沙，就是一個身體，個別的屍體，有些胖，有些瘦，有些黝黑，有些較白，有些兩隻腳，有些四隻腳，有些年輕，有些老，有些有毛，有些是軟綿綿可愛的嬰兒；成千上萬的屍體堆在這裡、堆在草葉中。這些身體是你的，因為我已經一世紀又一世紀的注意你、等待你，希望你有一天能夠純淨到足以見到我。過往那些年，你換過一個又一個的身體，無盡的身體，無量的身體，用這些身體爬行、走路、飛翔，一次又一次的死去，徒勞無功的競爭，一事無成的過了一生，一事無成的死去。」他蹲下，把那一堆細沙吹走。

我們再度沈默，我感覺到他還沒有說完我的生命。他又慵懶的轉身，臉朝上，凝視著滿天星斗，沈浸在完美的幸福中，使我想起了「她」。

「如此星辰，穹蒼中的星辰。你知道嗎？或許你知道了會高興。我觀察在整個宇宙星辰的生滅過程中，你已經到達了不可思議的高峰。我看見整個地球的公民，擁立你為他們至高無上的帝王；我看見你，在你的世界是第一個，也是唯一攀登最高峰的人；我看見你是最風姿綽約的女人，富可敵國的商人，最令人敬仰的人，最著名的人，最有天賦的人，最有智慧的人，地球上最受眾生愛戴的人。

「然而每一次，從你的生命可以知道這一點，你退出了舞台，一切都改變了。你變醜了，變遲鈍了，不再像以前強壯，還有其他人在旁邊虎視眈眈。無情的時間把你拉下來，直到你退回原點，比原點還糟，不僅一無所有，而且被遺忘得一乾二淨。沒有名聲、地位和幸福，物質匱乏，沒有朋友或家人的安慰，一切轉眼成空。相信我，因爲我看到了，而你也知道那是眞的，因爲我確實愛你。

「這件事你可能比較可以忍受，」他以一種做結論的口吻說，「如果我們可以一起前進；如果我們瞭解我們的痛苦，並且組成一支隊伍，以生命共同體的認知，一起面對痛苦，彼此相愛，互相支持。但是，這又是形成我們存在的勢力所不允許的；這些力量透過時間，透過短暫激烈的一生，把我們往前推，只允許我們與他人做最短暫的聚首。我們經歷一段生命，我們與朋友、愛人、配偶、家人連結，彼此找到慰藉、陪伴和支持，然後這些力量再無可避免的又把我們分開。在人道中，你無法與別人長相廝守；沒有人可以與你同行，剎那即逝；然後勢不可擋的，你被投入完全孤寂的未來。你一向孤獨；你生來孤獨，孤獨的過了一生，孤獨的死去。」他嘆了氣，閉上眼睛，躺在草皮上，內心一片寧靜，對我的人生與世界完全絕望。

我們躺在草地上，彷彿已經過了好幾個小時，我試著了解他的話。當然這是很難的一件事，誠如這位最少欲知足的智者所說的，言語道斷是世間最令人傷心的事。之後一道光輕柔的照遍了我們躺著的空間，整個佳樂樹下都完全沐浴在柔和的金光中。我想起已是黎明時分，我應該感到非常疲憊，但是我卻不累，我領悟到的是彌勒在放光，燦爛奪目，供給植物和樹木新的日光。

他慢慢的、慵懶的睜開眼睛，斂目低垂，讓我想起「她」總是沈浸在一種我無法參透的神秘喜樂中。他笑顏逐開的低語：「你有想問的問題——請說。」

我覺得對一個不管我說什麼或即將說什麼都瞭如指掌的人，說什麼都是多餘的，但我還是急切的問了一連串的明顯問題：「這些事情的因是什麼？你不斷提起的這些力量是什麼？我們爲什麼一定要如此受苦呢？是什麼驅使我們受苦？一定得如此嗎？」

他伸展身體，雙腿交叉坐好，直接坐在我對面。他把我的手放在他大腿上，無意識的敲著。我有些困窘，想要輕輕的把手臂抽回來，但是他的手很有勁。我有些躊躇，想著即使我被滿滿的愛著，還是覺得愛不夠多，他敲著我的手。

「想像，」他說，天色更亮了，我整張臉和胸膛沐浴在溫暖的金光中。「想像如果每當你周遭的人們獲得他們所要的東西時，你就歡欣鼓舞，那會是什麼樣的場面？觀想每當他們獲得讚美時，或獲得昂貴和期待已久的物品時，或找到新而可愛的伙伴與朋友時，你都和他們一樣快樂。觀想這好像是你自己已經得到渴望的東西或人，觀想你能夠充分隨喜別人的快樂，就好像是你自己的快樂一般。我的意思是說，觀想這樣的生活會是什麼樣子，如果你的餘生完全解脫了……的情緒，」他停頓了一下，似乎在搜尋某個遺忘的字眼，因爲已經好幾世紀以來不曾想過了……「嫉妒」。

說完話，他放開抓我的一隻手，伸出手指在我前額中央，從髮際到兩眉中間輕輕比畫著。由於他溫柔的碰觸，我感覺到非常放鬆，這是從傷痛欲絕中解脫的感覺；我從孩提時代就是嫉妒的受害者，傷痕就烙印在前額上。這時我前額感到從未有過的放鬆。那一刻，我眞的可以想像餘生沒有嫉妒的感覺，我也想像得到放下嫉妒會如何解救我。我可以釋出心中有多少有限的空間，來容納其他的快樂念頭。我覺得彷彿有人把我從小櫥子中解放出來，引領我進入一個金碧輝煌的大房間，這兒只用來舉辦最優雅、最寧靜、最快樂的舞會。

「現在假設，」他笑逐顏開，「你完全瞭解實相本身最基本的力量，因此非常瞭解如何心想事成，你絕對不再需要盲目的掙扎，抓取東西，只是清楚而滿足的等待善行的結果。雖然我很難用你能夠瞭解的方式來表達，但我要說的是：要是你完全從極度困擾你們人類、令你們不快樂、不圓滿的情緒中解脫——要是你不再，」他頓了一下，又在搜尋字眼，「需要東西。」

這簡直難如登天，但是，我立刻確切瞭解他的意思，與其說是透過他的話，不如說是透過他慈愛的觸摸。他不是在談什麼樣的需求——我感覺到他要我瞭解，他要我快樂——相反的，他是在談日日夜夜，分分秒秒，都讓我心煩、擔憂、無法滿足和感到幸福的需求。我只是淺嘗他所提到的感覺。我從舞蹈房走到淡藍色的天空，我的心像天空一般自由開闊，我想到我往後的人生，彷彿只是寧靜和快樂。我感覺到他的手掌平放在我的前額，就好像一個母親把濕涼的小毛巾放在孩子發燒的額頭上，以減輕他的不舒服。

「相反的，」他接著說，聲音好像破曉時分，花園中百鳥齊鳴，「現在想像你自己看見有事發生了，或是有人來了，這是不愉快的畫面：描繪出這樣的事件、這樣的人。某件事沒有按照計畫進行，某人對你惡口相向，你無法獲得你所需的。現在想像你以完美的平等心來回應這些；你正確的瞭解這些事件的主要因素，你知道是什麼造成這些事件，你知道事件會如何結束。這個瞬間你只是觀照，或許有些悲傷，但絕不是帶著你們所謂……不喜歡的情緒。」

我又覺知到這位覺者與我的想法落差非常大，我試著想像如果我完全沒有不喜歡的情緒，我會如何；我直覺必須更精確領悟他話中的意思，我知道覺者不喜歡我和周遭的人活在痛苦中。但，我知道他的不喜歡，純粹是一種慈悲心的顯現。他對我們的關心，完全是甜蜜和健康的情緒。他不像我們不喜歡某一個惹我們生氣的人，或是遇到生活中不如意的狀況時，會感到混亂與受傷。

我很清楚他不是說：「想像沒有痛苦的感覺會如何？」或是說：「想像你如果不理會你正在受苦的感覺會如何？」而是說：「想像當你遇到痛苦時，你非常清楚知道痛苦的原因，又能保持深沈而穩固的內心寧靜，就好像你已經很愉快的永遠了結種種的痛苦，那會是什麼樣的情境？」

的確，這種想法更進一步釋放了我的心，彷彿現在可以從藍天飛向宇宙的星河，想像橫亙在我眼前未來的人生，完全從不愉快的思想和情緒牢籠中解脫，不再認為世間是苦。我的心有了開闊的自由空間，無限的自由時間，去愛、去創造、去布施給他人。我發現我凝視著佳樂樹枝，忘我了、出神了，渾然不覺彌勒的存在。

「等一下，」他溫和的笑著，他與我一同歡欣鼓舞，「還有更好的。」我的眼光與心思重回他的身上。

「現在和我一起觀想，」他微笑，「在某個世界中，你只是一個孩子，一個天眞無邪、歡笑、滿懷希望、快樂的孩子。你開放，而且願意、樂於向周遭每一個人學習走完一生。每次你遇到一個人，你會從他身上學到一些甜蜜寶貴的課題——你知道如何傾聽，就好像傾聽沙漠的鳥兒歌聲，必然有人會給你智慧的鑽石與紅寶石，持續灌注你已經智慧滿溢的心。人人都是你親愛的老師，人人都給你生命的瑰寶。我不知道如何用言語讓你明白，但是我的意思是——觀想你自己，觀想你自己的心，此後的餘生完全淨化了某種情緒——你知道這種情緒是什麼呢？」他促狹的看著我，以爲我會猜到，但是正好相反，他的描述令我感到十分陌生，彷彿墜入五里霧中，終於他補上了這個字：「傲慢。」

坦白說，我沒有把握自己會戰勝這位親愛的忠實伙伴，但是我的確理解孩子的開放是怎麼回事，我感覺它就像是某種珍貴的禮物，隱藏在我的人生大道旁，也許將來有一天，我會自己發掘。彌勒是很具感染力的，我感覺健康、快樂。

「現在閉上眼睛，」他繼續，我感覺他溫暖的指尖輕輕放在我的臉及眼瞼上，「假裝你已經完全了知存有的關鍵：對你而言，沒有什麼神秘。你知道每一個事件背後眞正的原因，你知道萬事萬物之間的隱密關係，人們對十方世界整個存有的瞭解，你全都知道。你知道爲什麼每一件事情是那麼發生的，你知道爲什麼每一個念頭是那麼想的，你知道爲什麼每一個痛苦會被那麼感覺，你知道完美解決苦的方法——換句話說，你完全瞭解眞正運轉一切法界的指導原則是什麼。對你而言，沒有任何事件是無法解釋的，沒有任何問題是無法解決的。

「總之，你確實瞭解如何做，才能爲你自己和周遭的人創造日常與終極的快樂。

你的心，已經完全從某種情緒的枷鎖中解脫……我們該怎麼稱呼這種情緒呢？它是眾生對生命的無知；是認爲一個人爲了得到東西，就必須只取不給的心態；是認爲眾生爲了得到眞正的快樂，就必須滿足自己而非他人的心態；是完全不瞭解眾生爲什麼會一輩子都在想盡辦法徹底毀滅自己夢寐以求的快樂。一言以蔽之，它是，」他從口裡迸出，「無明，對現象界運作方式的無明。」

因爲我對現象界的運作幾乎不瞭解，我得承認現象界運作方式的學問在我的世界裡是非常不足的——因爲居住在這裡的人都同意，我們在尋找快樂的秘訣，然而當前的知識只帶給我們戰爭、仇恨、不幸——因此，我只能猜測彌勒的意思。但，彌勒手指的輕觸，使我感覺受到加持而有了某種瞭解：現實界的法則是可能存在的，如果我們能夠完全瞭解這些法則，就可以利用它們解脫痛苦。在這一瞬間，我生起了巨大的安慰與驚奇：我極度渴望進一步瞭解這些法則，如果能夠的話。

「不要懷疑，親愛的，」我現在逐漸習慣這些措辭。事實上，我越來越喜歡說這句話的心境。「不要懷疑，」他說，「知道這些法則是可能的，而且有人已經完全瞭解，他們都在你身邊，隨時願意指導你了解這種知識，而這種知識可以帶給你絕對的解脫及快樂。所以親愛的，觀想你的餘生，活在靈性修持中，解脫懷疑，懷疑已經使許多聰明的嘲諷者毫無防備的死去。」我覺得這種懷疑對我不會造成大問題，主要是因爲我對「她」以及這個聖地的信心，而且我也經常有回來此地尋找生命答案的驅力。我知道我們每個人或許都有這些屈指可數的靈修好習慣，但它們卻非常容易失去。所以我決心接受並相信一定有「道」和導師；這使我想起了「她」。

彌勒尊重我的遐思，他看到這種遐思在遙遠的未來必有結論，因而保持緘默。我們沐浴在玫瑰、橘子和李子的夏日溫馨中，沐浴在「花園」一切生命所散發出來的意外芳香中。我想我一定曾經在那裡睡過覺，躺在冬末的草地上，蓋著從他心中散發出來的清淨無分別之愛的毯子。

然後，他的嘴湊近我的耳朵，他說：「明天你將回到你的工作崗位，回到學習和

6 解脫

寫作，屆時你會想起我現在所說的話。你會在忙得團團轉的一天中停下來，觀想你的心永遠解脫了那些最危險的邪知邪見。邪知邪見讓你雖想解脫，卻誤入歧途，把你丟回到目前你已經部分解脫的無明。

「這些邪知邪見包括死後沒有來生、生前沒有過去世、現在的善惡業和未來的樂苦報無關、害人害己或迷信可以修成正果。請觀想那時的心是清淨、清晰、有力、好學、靈明、善於分析、善於做結論、善於實踐——證成。」

「一客恰到好處的甜點，」我昏昏欲睡的說，「今晚你已用佳餚餵飽我的心。我答應，」我低語，「我將如你所說的清淨我的心，永遠革除偷走我生命和幸福的負面想法與情緒。我只聽從好的念頭，因為你已經讓我品嘗到沒有這些負面情緒的益處：解脫，眞正的解脫。」

我感覺他的手以眞情、輕快的上下撫摸我的背，幾乎是從頭到腳。「親愛的，你今晚已經心領神會，什麼是眞正的解脫，因為如你所說，從心靈的毒藥得到解脫，永遠安住在寂靜中。但，光是認識這些毒藥的本質，光是知道這些我們如此珍愛執著的邪知邪見，實際上是一切苦的眞正來源，還是不夠的。

「比你所想的還要快，明天你就會發現僅僅靠下決心，或是做一些誠懇的努力，還是無法排除這些負面想法的。你很快會發現你無明的渴望東西；你會看到你自己無明的不喜歡其他東西；你會嫉妒，你會傲慢，甚至對修行多所懷疑——甚至懷疑今日的會晤，懷疑我，懷疑你的寶貝『女士』。哦！你會進步的，即使今晚在這裡你已進步。我非常喜悅，因爲看到你越來越接近眞理。

「但是，最後只有一個方法，可以永遠從你心中排除這些敵人、這些念頭，」我知道彌勒大師即將傳授我達到解脫的秘訣，當然這是我整個生命的目的。但在這樣的時刻，在我們生命最關鍵的時刻，我沈醉在花園和我的思想中，因此我幾乎沒有聽到他說什麼，我以爲我聽到他說，「最親愛的，你必須親證空性。」

7

行動與結果

接下來的幾個月，我沒有空再回到「花園」；與彌勒的相會啓發我良多，留給我許多需要思考的東西，我甚至無法提出下一個問題。整個春天，我都在檢視我的存在狀況：我特別花了很多時間檢視和確認我的心性，發現我無法滿足於任何我所得到的東西——不管是得到什麼新東西，很快的我就會變得焦躁不安，又會想要別的，不管是物品或是人。過去，我總是以爲自己有毛病，認爲自己是壞人，因爲我感覺自己是如此迫切的汲汲營營。但是現在，彌勒激起了我的好奇心，他好幾次旁敲側擊的提及眞正的原因：一種力量，一種我無法控制的力量；「已經發動。」他說，就是這股力量，造就了我居住的世界、我自己，以及我的念頭——各種的苦，包括無法感到滿足的心態。

當我問他這些力量是什麼時，他僅約略提及各式各樣的念頭，「有毒的」念頭，他如此稱呼這些念頭，事實上，這些是激起我大部分生命浪花的念頭：嫉妒、欲望、不喜歡、傲慢等等。我嘗試著要把這些念頭和人類的痛苦做個連結，但總覺得少了什麼。我總是想著我的母親，一個善良的女人，一生大部分時間都過著非常美好的日子。就我所知，她因癌症承受猛烈的苦，甚至最後癌症吞噬了她的心臟；但是，在我見過的人當中，我覺得她的這些染污念頭最少：她很少表現出生氣或嫉妒；她愛每一個與她接觸的人，他們也愛她；她一生最主要的工作就是教導孩子存好心、做好事。我能夠理解為什麼嫉妒之類的精神苦惱會破壞心靈的寧靜，但是，我看不出它們為什麼會引發疾病、戰爭、貧窮、死亡。

雖然太陽仍烘烤著大地與空氣，但是沙漠最熱的日子已經過了。我摩拳擦掌的帶著新問題來到「花園」。當我到達時，並不指望有聖潔的天使來探視我，反而感覺更像是拳擊手，等待進入拳擊場，準備奮力一搏，展開雙方真正想法的攻防。我並沒有失望，因為我一坐上椅子，根敦珠巴，第一世達賴喇嘛尊者，就從「花園」大門昂首闊步走進來。

五百年前，他出生在後藏的霞堆牧場，他的雙親是游牧民族——他的舉手投足透露出特立獨行與果斷。首先讓人注意到的，就是他有力的胸膛幾乎撐破袈裟，他的手臂強壯結實，賁起如栗，即便是他已將近六十歲了。他的眼睛又圓又大，炯炯有神，散發著智慧，前額有很深的皺痕，描繪出多年深思的痕跡，可能會被誤認爲是嚴重刀傷所留下的疤痕。他一個箭步走到我面前，揮手示意，要我讓出椅子，坐到草地上。他坐上椅子後，陷入沈思，任憑鬆散的袈裟隨風飄動。

「統治這個世界的『是什麼』？」他居高臨下，突然對我大吼，我無言以對。

他彎腰看著我，態度猛烈激動，令人振奮，呼吸沈重幾乎吹到我臉上，逼視著我回答。

「我不知道，這就是我來這裡想問的問題。我不確定，但是，我想可能……」

「想！可能！不確定！我告訴你，就是這些壞的念頭，這就是了！那些壞念頭以及念頭所引出的行動！就是這樣！」他勝利的坐回椅子，好像在一場偉大的辯論中，痛擊了旗鼓相當的對手，而不是眼前這個頭腦簡單、驚慌失措的我。

我本來想問他念頭和行動是如何統治這個世界的，但是我有點害怕打擾他，所以保持緘默。這一招似乎有效，他又突然對我搖搖手指，衝口而說：「我們必須釐清這個連結：是什麼促使你做事的？你做的是什麼事？然後，最重要的，世界爲何變成現在這麼糟？」

我點頭，等待著；他往下看，仔細思考著。

「你認爲是從哪裡開始的！」他突然又迸出問題。

「對不起，什麼開始……什麼如何開始？」我膽怯的問。

他就是這樣讓你的心脫序，或者問你認爲他會問的最後一個問題，讓你啞口無言，驚惶失措。而他坐在那裡盯著你的臉，理所當然的等待著對他而言相當明顯的答案。

「是什麼驅使我們這樣做、這樣說話的？」

我想了一下，靈光乍現，快速的回答：「思想。我們想要做或是說話，然後我們就做了。思想是一切的開始。」

第一世達賴喇嘛的嘴角垂了下來，彷彿很訝異我能夠正確的回答，然後他喜形於色，對於這個答案和接下來的回答而言，這是最大的獎勵，我有預感整個晚上他會一直詰問下去：「對了！你答對了！」他又陷入沈思。

「有多少？」他接著問，又瞪著我，顯然期待我立即回答。

「對不起，請問有多少……有多少什麼？」我幾乎是自言自語，害怕他斥責。

「當然是念頭！」他似乎對我跟不上他連綿不絕的思緒有點震驚，即使他忽略了把心中的一連串念頭說出來，就好像他沒有注意到他的袈裟一樣。此刻——由於他不斷的來回舞動手臂——袈裟已經垂到椅子上，甚至椅子下面的磚頭。「在我一彈指的瞬間，你會有多少念頭？」他伸手對著我彈指，一如好幾千年來，偉大的辯經師對他的對手擊掌。

我想了一會兒，靈機一動，試著對我的念頭計時，發現大約是每五個彈指一個念頭。「大約五個彈指，」我充滿信心的回答：「一個念頭大約需時五個彈指。」

他倚靠在椅背上，將有力的雙臂交叉在胸前，此刻他壯闊的胸膛幾乎要迸出袈裟上衣。他陰鬱的看著我，好像陷入劇痛，他的嘴角急遽下垂。「想一想！」他說。「想一想！我不是說整個思想，不是像句子一樣有開始和結尾的那些思想，也不是決策或是問題之類的思想。我是指促使你在憤怒或貪婪的時刻，做某事或說某話的微細念頭！這些就是促使我們開始行動的念頭！它們攪動創造無邊法界的巨大力量！現在告訴我，這次再想一想！有多少念頭，當我……」他又把拳頭伸到我鼻子下方，用他那有力的手指一彈發出巨響。

我又感到張皇失措，但是這次他並沒有等我回答。「六十五！」如雷貫耳，好像在宣告可以拯救世界的眞理，也許眞是如此。「在我……的時候，你的心已經起了六十五個念頭。」他舉起手臂，我閉上眼睛，等著彈指和呵責，但，只有令人毛骨悚然的戛然靜止。我張開眼睛看著他，他的手臂仍然舉著，拇指緊扣著中指，卻沒有彈指。因爲他的心念已先於行動，忘記了讓身體跟上，這是經常發生的。

「你知道，」他又專注的看著我，「你每起一個念頭，在心版上就會留下一個習氣，一個清晰而持續的習氣嗎？」

這似乎很合理，因爲我知道某些想法，像強烈生氣的感覺，經常持續很多天。

「不是**那種**習氣！」他大吼，他是如此精通哲學辯論的藝術，總是可以預期我下一步的想法。「我談的是有關**世界**的印記！」

我因膽怯，本能的不敢問他什麼是**世界**的印記。

「**世界**的印記，」他語帶暗示，屈尊紆貴，彷彿在對小孩說話；就精神層面而言，與他比起來，我就是小孩，「就是你心中**創造你的世界**的習氣，它讓你看到此生經驗中的每個地方、每個人及其細節。」

他以辯論者的眼睛注視著我的眼睛，注意到我爲了想瞭解他的話，眼角輕微抽搐，猜測著我到底需要多少協助才能眞正瞭解。「現在想像，」他開始說，舉了一個例子，「在你白天工作的地方，圖書館的圖書管理人就在領主及僕人面前，因爲你的某個錯誤而對你咆哮。你感覺一陣尖銳的怒意而惡言相向。

「想一想這陣尖銳怒意，它已埋下印記，就像在心上播種。這就是我們所知道的種子！」他又對我吼叫，我現在知道這只是他的模式，所以就有些放鬆。

「哦，」我說，雖然我的回答簡單得不像回答，但希望是他要的答案，「種子長大，然後變成植物。」

他又給了我最大的獎勵，是一種驚喜於我發現眞相的微笑，他以迫使身體長成結實肌肉的心靈力量對我笑逐顏開。「對！你……完全答對！想得好！」之後，他又陷入了沈思。

「然而種子怎麼運作？」他說，瞟了我一眼，彷彿爲我設下陷阱。

「哦，我想首先我們可以說，」我不多思索的回答，「好的種子造就好的植物，壞的種子長出壞的植物；也就是說，甜的水果種子絕對不可能長出辣椒，而辣椒的種子也不可能長出甜的果樹。」

他的嘴角又垂了下來，彷彿非常驚異，眼睛一亮。「又答對了！完完全全答對了！」我感覺眞好。

「所以，如果種植在心中的習氣或種子是不愉快的念頭、有害的念頭，我們可以非常肯定的說，絕對無法產生好結果。這種世界的印記絕不可能創造出愉快的世界，對嗎？」

這似乎完全合乎邏輯，我點點頭。

「相反的：如果一個人的所思是善念，慈愛或慈悲的念頭，絕不可能導致任何負面的習氣，全然只有好的習氣，這種習氣會創造愉快的世界，我們可以這麼說嗎？」

我又點頭，因爲這也符合邏輯。

「好！」他興奮大叫，彷彿我剛完成某種豐功偉業。「而現在……對於種子的運作還有其他說法嗎？」

我試著去想像種子，憶起童年時，我們有時會去造訪面向沙漠北方的山中小屋。在那兒，強勁的風曾經將一棵大松樹吹倒在小屋的屋頂上，父親要我在樹的重量壓垮屋椽前，拿著斧頭爬上屋頂去砍樹枝。我記得當時我的腿直打哆嗦，因爲我有懼高症；我記得當時我往下看著我的靴子，看到一個非常小的松子從小松果掉落，固定在地面的雨滴上。我當時想，要是我之前在這棵巨松的種子從地上吐出新芽時，就將它拔起，丟到岩石上，那麼現在我就不會在這裡面對重量勝過種子百萬倍的大樹。所以我回答達賴喇嘛，「種子一開始很小，極其微小，從種子長出來的東西，可以無限大，大到勝過種子本身好幾百萬倍。」

他的手臂舉向空中，彷彿他剛剛贏過一群強有力的競走對手，發出勝利的呼聲，「又答對了！完美極了！棒極了！所以，心的種子——念頭在心中種下的習氣，創造了我們的世界及生命中的主要事件：最細微的習氣，隨著時間及培育會轉變成巨大的果報。

「心靈種子的運作就像物質種子，我們怎能期望它們不同呢？想想看，一個孩子讀了一本簡單而具啓發性的書，決定了他日後生命的走向。想想看，一小群人圍坐在桌邊集思廣益，塑造一個偉大國家未來幾世紀的發展，這就是心靈種子的力量。」

他坐了下來，再次盯著我看，我想他又再等我回答那個他忘記大聲問出來的問題。所以我嘗試猜測他的問題是什麼，只要我回答問題，他都會很高興，但是沈默就會惹他氣惱。

「關於種子，還有別的，」我說，又想起那棵巨大的松樹，「種子如果沒有種植，就絕對不可能生長。」

第一世達賴喇嘛喜不自勝，開始在椅子上彈跳，並把手掌拍打在受驚的椅子小橫條上。然後，他像個小男孩般快樂的鼓掌叫好。「就是這樣！如果你沒有壞的念頭，就不會留下創造壞世界的習氣，但是錯失了善念，我們就錯失了創造好世界的習氣。我說對了嗎？」他抑揚頓挫的問，再次瞪著我——但，這回我準備好了。

「我還想到一件事，」我說，勇氣十足，發現此時我也不再坐著，跪了起來，雙手揮向天空。「如果適當的播種，如果種植的是善種子，並且給予它所需要的水、陽光及養分，那麼就沒有任何宇宙力量可以阻止種子變成樹。」

他高興的尖叫：「眞有你的！所以種子有四個法則，不管它是種植在土裡或心中：善種子結善果，壞種子結惡果；種子總是會長成比原來巨大的東西；種子沒有種植就不會成長；種子如果種植了，並給予適當的培育，一定會成長！」

然後，他轉向別處，看著花園北方牆上的玫瑰花叢，我也直覺的看了一眼，想著或許「另一個人」已經來了。但這只是他思考的方式，他側著身，停在那裡好幾分鐘。在靜默中，我心中浮現出一連串重複的念頭。我可以看到這些行動——包括我想的念頭、我說的話、我做的事——也許已在我心中留下某種習氣，但是我無法看出這些習氣是如何發生影響力，因而創造這個世界以及身邊的人。儘管如此，我感覺他已經預料到我有這些疑惑，因此就耐心的等他提出來。他再度轉向我。

「這有一點困難，」他開始說，「你以後學得更多就會更明白。現在觀想你的心就像一片透明的玻璃。當你看到自己想到某個念頭，或是說了某句話、做了某件事，就在玻璃上留下小污點，譬如有色的小點。觀想這個污點離開了你的心，而你卻沒有覺察到。歲月荏苒，這個污點，你心中的種子開始成熟；也就是說，它開始引起你的注意。像所有的種子一樣，它開始發芽、成長，很快的以某些顏色和形狀的圖案，覆蓋你的整個心鏡。其他種子快速相續的從心中跳出來，就像呈現連續彩色圖案的萬花筒，覆蓋了心鏡，讓心產生變動的假相。這些圖案就是心所認知的各種對境：一個碩長的形體從門口接近，橢圓的嘴張開，粗魯的聲音從張開的嘴發射出來，因此，這個心就被引導，認出是某人是圖書館上司，正在譴責你的錯。」

我想了好一會兒，然後問：「我可以瞭解單一的影像，可能是這樣子形成的，比如說認出一個水果或是一朵花。但是，你所描述的是成千上萬的心靈習氣或種子會在一分鐘內成熟，彷彿我們一眼就看見面前廣大的世界以及時間的流暢不居。」

這次他沒有回答，只是凝視著我的眼睛，等我自己去瞭解。如他所期望的，我想到在一彈指間，就有六十五個念頭擠入心中形成習氣，然後每一個習氣或種子就成長爲好幾百萬倍大，如同松子會以幾百萬倍成長，變爲巨大的松樹。所以這完全是可能的，這些習氣可以在一分鐘內，創造出好幾百萬位元的資訊，以便創造和保持我們的世界印象。但這些印象的內容是什麼？是什麼原因導致我一生美好的經驗或不好的經驗？

我張嘴開始要說話，但在同一瞬間，他舉起手朝向他的下巴，掌心向外，我也瞭解他其實希望我自己解答。當然，他已經教我，或者也許我應該說，他已經指引我自我教導。如果習氣是好的，那麼經驗是好的；如果習氣不好，經驗就不好。李子的種子長出甜李子，檸檬的種子長出酸檸檬，絕不可能有其他情形出現。我這一生的痛苦，來自過去我所想、所說或所做的令眾生痛苦或受到傷害的事。在那一刻，圓滿的智慧開始在心眼打開；數十個問題，終身的問題一掃而空。然後，突然又浮現出一個疑點。

「但是，我的母親是怎麼回事呢？」我問，「她幾乎沒有任何惡念，沒有任何傷人的言行，可以肯定她心中並沒有植入如此有力、如此恐怖的種子，讓她遭受多年癌症的折磨，最後連心臟也被吞噬掉？」

「有任何人說過，」他語氣堅定，但是溫和，「是**她**植入種子的嗎？」

「你是說另一個人可以把習氣植入我的心中，而我被迫去經歷另一個人行動的結果嗎？這不合邏輯，也不公平！」我反駁。

「我的意思並非如此，」他說，語氣仍然堅定溫和，彷彿正引導我沿著懸崖絕壁走路，「因爲我們完全不可能把世界的印記植入另一個人的心中，除非自己的心中。」

我突然靈光乍現——非常痛苦的明白了一件事，但也鬆了一口氣，因爲在這一瞬間，我領悟到另一個偉大的眞理。「多久？」我簡單的說，知道他會瞭解我的問題。

「這些習氣，世界的印記，在某些情形下，可能在心中成熟，並使我們在身體死亡前，也就是說，在心繼續投入另一法界時，看到我們的世界以及與我們相遇的人的某些細節。但常常事情並非如此，所以我們透過此世及前世的所思、所說和所做，把無量無邊的習氣刻入心中，心就攜帶著習氣穿過死亡，進入下一世。你的世界、你對世界的認知、你所有內在與外在的生命經驗，大部分在不可知的過去世中就已經啓動了。而這就是，」他說，凝視著我的臉，睜開睿智的眼睛，閃爍著淚光，「爲什麼好人會受苦的原因。」

我點點頭，能夠找到這個簡單明白的答案，感覺鬆了一大口氣，因爲我總覺得針對地球上每一個人都會提出的問題，答案必須簡單明瞭。然後，另一個問題閃入心中：「是什麼決定心中的習氣或種子有些比較強烈，而它們的果報又比較暴力？爲什麼有些習氣會引起多年癌症的痛苦，而其他習氣只帶來指頭的小刀傷？」

他憂鬱的情緒少了一些，這位辯經師又站了起來。

「所有生命都是神聖的，每個生命都是同等重要的；但是殺死一位能拯救許多人性命的偉大醫生，比起殺死一隻流浪狗，是否傷害較大？」

「如果殺了醫師，會傷害更多的人。」我回答。

「所以，這個習氣就強烈得多，」達賴喇嘛回答。「這也可以應用到那些對你幫助很大的人：比如，你的父母，尤其是你的心靈導師，幫助或傷害他們這樣的人，會創造出極端深刻的業力。」

「我的父母確確實實，」我點頭，「在他們的一生當中，給了我不可計量的幫助。但我知道我朋友的父母並非如此慈愛，所以我認爲他們的業力會輕得多。」

這次，我不是碰到不贊同的皺眉，而是一張點燃了怒火的兇臉。「因爲有像你現在擁有的身心，」他低語，努力的控制自己，「所以一個人才可以清晰的思考、推理、修行，因而遠離無始劫來無邊眾生所受的苦。只因爲參與創造你的身心，你的父母就是你世界中最神聖的生命，不管他們後來如何對待你。習氣一旦植入，要改變是非常困難的，所以，我勸你，如果爲了你自己好，就要更仔細的學習這些事情，不要再犯你剛剛所犯的那種大錯。」

他稍微冷靜下來，然後繼續說：「其他的緣一樣會造成這些習氣的強弱。其中一個緣，很顯然的就是動機。如你所知道的，世間人有一個共同的誤解，以爲身體停止運作，心也就停止運作。人們只是不知道心會相續下去，而且經常趣向極苦之境。所以，人類歷史上，有些人殺害父母，是因爲父母年事已高且承受劇苦，也許甚至被父母要求這麼做。在這種情況下，孩子雖然犯了五逆重罪，其業力卻比一般的殺父、殺母輕，因爲他們的動機是要讓父母免於痛苦。同樣情形，任何行爲如果出自意外或衝動，其業力就比預謀的犯行小。

「如你所知，植入心中的種子或習氣，大部分取決於人們在做這些事、說這些話，或想這些念頭時，如何看待這些事、這些話或這些念頭。另一個決定因素就是認識與否：對於我們正在幫助或傷害的人，我們知道他的眞正身分嗎？比如說，世界上有些地方的人們，並不知道在父精、母卵結合時，心就進入受精卵而受孕。還有，這是因爲他們把身體皮膚、骨頭、血液的成長，與心識的發展混淆了。心完全不同於身，心是無形的、明晰的、有覺知力的、無重量的、恆存的、無法測量的。所以，他們不把墮胎看做是謀殺，因爲他們不認爲胚胎是生命。這種業力的果報，雖然仍是可怕而深遠，但是比起其他的殺人行爲，還是稍微輕些，因爲他們不知道生命的眞義。現在，告訴我：還有什麼動機會讓某件事情、某句話或某個想法變得比較嚴重，造成更深沈的習氣？」

夜色更深，第一世達賴喇嘛稍微柔和些，因此我感覺要立即回答的壓力減輕了。過一會兒，我說，「我認爲如果行動帶著強烈的情緒——燃燒的貪欲或瞋恨，或是滿溢的慈悲與愛——也許會讓習氣變得更強烈。」

「答對了！」他大吼，我感到面對睡獅再度醒來的苦惱，似乎又得開始思考得快一些。「你做或沒做會如何呢？」

我有些困惑。「你是指什麼？我以爲我們正在談人們的所言、所做或所思。」

「我的意思是，萬一你計畫謀殺，但是並沒有實行呢？」他有點不耐煩的說。

「哦！那麼，我認爲沒有習氣，」我粗心大意的回答；但是在掉入深淵之前，我跳了回來。「我的意思是，這只有意圖和計畫謀殺的習氣，但沒有眞正犯行、把刀刺入對方之類的習氣。」我鬆了一口氣，他讓我繼續說下去。

「對。現在假設你眞的用刀攻擊別人，是否殺生的習氣或種子就植入了你的心中？」

「不，未必會植入心中，」我說。「假設這個人沒死呢？假設他只是受傷而後康復了呢？」

「又答對了！」達賴喇嘛大吼，「所以，你看！不管是崇高或邪惡的種子，必須具足下述八個條件，才算是完整、深沈的植入心中，因而在未來會成長爲重大事件：一、我們所做、所說、所想的對象很重要；二、我們必須有清楚的動機和計畫；三、我們必須知道目標是什麼；四、我們造業時要有穩定的情緒；五、我們必須眞正的做了該項行爲；六、我們必須如願的完成該項行爲；七、我們必須覺知已經完成了該項行爲；八、我們必須把該項行爲認爲是自己做主的。滿足以上八個條件所植入的種子，就是深沈而有力的。」

「但是這些種子會受到影響嗎？」我若有所思的說。「難道它們不像其他不斷改變的事物嗎？難道它們沒有因嗎？難道它們不會受到其他因素的影響嗎？在日常世界中的種子可能被種植了，可能是非常完整而強力的種子，但是我們有方法可以阻止它們成長：我們可以讓種子不照到太陽光、不澆水，我們可以燃燒土壤，我們可以把它們挖出來，丟到光禿禿的岩石上，直到枯滅爲止。

「對我而言，」我說，我稍做內省就掉入了死胡同，「我們每一個人在幾小時內，可能就累積了成千上萬的大種子，而其中很多是負面的，譬如對車上其他乘客感到不耐煩，或因爲車速太慢而引起短暫的懊惱。如果無法影響這些種子，」我自私的擔憂著，「那麼我們就注定承受永無止境的痛苦了。」

「正是如此，」達賴喇嘛誠懇的說，深思的凝視著我，他的眼光深邃得讓我不再能直覺思考。「我們有許多種子，幾乎是無量無數的習氣，蟄伏在內心深處。如果有人要求我們列出最近幾小時內所造的身、語、意惡業，我們可能什麼也想不起來，因為它們有如電光石火般畫過我們的心靈和生命——但是，每一個行為都被精確而無情的記錄在我們的意識之書裡。所以任何一個有思想的人，都了解習氣業力的可畏及其嚴重後果，一定會問你剛剛所提的問題。」

他看了月亮一眼，表示時間已經不早了，當下我覺得他可能不會回答我的問題就要離開了。但是當他轉頭向我時，臉上映著純淨的白光，我在他的眼神裡看到慵懶和愉悅，使我想起某人，至少是告訴我，只要我充分瞭解以下他所說的話，即使要他在這個椅子上度過餘生，他都樂意。

「你一定得學習如何從心中清除負面習氣，並增長善種子直至究竟圓滿。

「我要把後者交給另一位。今晚，我要教你前者，就是淨除負面習氣的方法。我現在即將向你敘述的方法，如果你能夠誠懇的遵守實行，就可以減弱甚至淨除最有力的習氣。譬如殺人的習氣，通常會讓自己的心看到自己被殺許多次，但是透過修行，重報輕受，可以降低到只是感覺短暫的、不愉快的頭痛而已。

「淨化負面習氣，首先要把你自己安住在德行上。這些德行包括憶念諸佛菩薩和上師，不斷祈求他們加被你，信受奉行他們的教法，發願在你精通解脫之道而有能力教導別人時，樂意服務一切眾生。

「下一步，就是仔細思惟負面行爲的後果。如果我們在這個花園裡所說的是眞理，那麼，你縱容自己所造的每一個身語意惡業，只會對你自己造成最大的傷害。這是一種智慧的懺悔，清楚瞭解惡業會帶給你自己多大的痛苦，這完全不像你和其他人經常陷入的罪惡感那般軟弱無力。想！仔細的想、合乎邏輯的想、清楚的想，不論何時你在心中植入一個負面的種子，對你自己的傷害會有多大。

「第三步是最有力的，也許是最必要的，你要事先自我判斷，你所要改變的習氣是否已斷除。你要下定決心不貳過，不重犯身語意惡業。

「此刻我勸你，」說到這裡，第一世達賴喇嘛第一次對我微笑，彷彿我是他的兒子，先前所做的種種責難，只是刻意考驗我的意志與誠心而已，「我勸你絕不要任意下決心說你『絕不』再做同樣的事；譬如，發誓當上司對你生氣時，你絕不會再發脾氣。因爲以你目前的水準來說，你還沒有辦法做到，你可能會把事情弄得更糟，在瞋的習氣之上，另加一個非常嚴重的打誑語習氣。給自己一段合理的時間，比如說承諾在二十四小時內，不再對他或她生氣。

「最後一步，選擇你做得到的行動，對治你的身語意業。比如說你在戰鬥或戰爭中有意識的殺生，那麼你可以決定把你的餘生奉獻在醫院，去服務眾生及護生。

「但是最有力的解毒劑，」尊者一邊說，一邊站起來，整理他的袈裟，莊嚴法相，「就是學習，學習去瞭解你與其他眾生能夠完全從各種痛苦解脫的知識。你可以從在這『花園』所學到的知識、觀照與禪修開始，並深入理解這些習氣是如何運作的，以臻於最高境界。習氣與空性的密切關連，這些你以後會學到。

「我今晚所教導你的，已足以讓你領悟到，由於你的行動確實會把習氣植入心中；這些習氣在創造你此生的世界中扮演很重要的角色，絕大部分的習氣都是可以從心中淨除的。現在一切取決於你，好好思惟我們今天一起在這裡對談的所有意涵；思惟，仔細思惟，宛如你自己和別人的生命都仰賴於此。」

8

創造一個世界

與第一世達賴喇嘛尊者的會晤，對我而言最為意義深遠。正如他所預言，他留給我不斷突破生命關卡的素材，當我思惟我們之間的談話時，幾乎在每天的生活中都會讓我有所領悟。

我發現在他毫不留情的棒喝之下，許多我認為最重要的生命問題都得到了解答；「心理習氣主導我的生命經驗，決定我如何看待這個世界和其他眾生」，起初我覺得這種概念相當難以理解，但隨著歲月流逝，我體認到這僅是因為我成長的文化背景的預設立場，它完全合乎邏輯，甚至深具啓發性。

畢竟，達賴喇嘛的話圓滿的解釋了我母親的痛苦，而事實上，為什麼好人會受苦？相反的，為什麼老是想辦法傷害別人的人，反倒暫時享受榮華富貴？有關傷害的見解又再度浮上心頭：尊者說痛苦的經驗，是心中負面習氣引起現行的結果，而惡業又輾轉熏習成為新的負面習氣。

但是像任何一位有思想的人一樣，我知道要區分利益和傷害、善與惡是不容易的；如果習氣的概念，以及習氣所創造出來的世界是眞的，那麼正確的分辨善惡就變成非常重要，甚至是解救生命的課題。雖然心中對於我母親爲什麼受苦的根源越來越清晰，但對於她現在身在何處、我該如何幫忙仍然一無所知。最後，我感覺彷彿能更進一步瞭解第一次帶我到「花園」的金髮女孩的奧秘，因爲我意識到我所有的問題必將得到解答，如果我能掌握三個祕密：「她」第一次是如何示現，「她」是如何無言教導我，我應如何體會「她的」優雅身體及慵懶眼神所散發出來的不同特質。

因此我又被吸引到「花園」來，在沙漠的秋天時節，那兒樹葉的顏色沒有很大變化，樹枝也沒有突然變得光禿而枯黑，有的只是縷縷清風，白晝的熱氣和夜晚的涼爽也越來越不同。憶起上次在佳樂樹下椅子邊的會晤，我進了大門之後，就直接走到素樸的木椅，坐在它前面的草地上。它宛如王位等待著一位偉大的國王到來——更希望是皇后的蒞臨。

他莊嚴優雅的走進大門，袈裟整齊乾淨，相好莊嚴。他嚴持戒律，左手臂彎曲，仔細摺疊的衣裓層次井然的垂到膝上。從這一點我就嗅出他的身分——教導戒律的偉大上師：功德光大師。他在世時是佛教寺院的黃金時代，迄今已有十四世紀之久，但他是永遠的完美比丘。他謹慎的坐在椅子上，從容不迫的抬腿，在袈裟下交叉。他仔細整理好袈裟，平順的覆蓋全身。然後安詳的坐著，寂靜而有力的注視我。

他身材高大魁梧，雖然有點年紀（我猜年過七十），卻無龍鍾老態。除了他的三千威儀、八萬細行之外，最吸引人的是眼神，眼睛睜得既圓又大，眨也不眨，宛如年老睿智的貓頭鷹。他的雙唇緊閉，表現出他的沈默寡言，他的手臂靜止不動，雙手結禪定印，放在腿上，手指不時的掐著小小念珠。他身體微微後傾，下巴微凹，安詳的往下凝視著我，等待著。

我覺得似乎該開口說話，小心翼翼整理埋藏在心中很久的問題，然後配合他的嚴肅態度，拘謹的問：「我們要如何分辨是非呢？」

他不發一語，繼續定定的看著我，然後往下看著他的手，清了清喉嚨，突然又抬頭往上看，「好的行爲在你心中所造成的習氣，使你的世界充滿快樂。壞的行爲在你心中所造成的習氣，使你的世界充滿不愉快。」

「但，我們如何正確的分辨，」我恭敬的停了一會兒，繼續說：「哪一種行爲所造成的習氣會引生當前世界的快樂呢？哪一種行爲所造成的習氣會引生當下的不快樂呢？」

「只有佛，」他迅速如來福槍般的回答，「才能圓滿看出每一種習氣對我們的生命產生何種影響，且種下習氣的行爲又是什麼。」

「所以不管是我們的世界、我們的生命，或我們周遭的一切眾生，任何細節都取決於習氣，也就是來自過去的所言、所思、所做嗎？」

「完全正確，」他回答，又往下盯著他的手和念珠。

「每一樣東西嗎？空氣中的微風輕拂過臉頰，厚木條的每一個紋理、臉上的每一個特徵、太陽、日出，以及浮現在心中的最細微念頭嗎？」

「正是如此。」又盯著他的手。

「但是，如果一定是佛才能圓滿知道哪些作爲是好的、哪些作爲是壞的，那麼我們如何知道哪一種作爲是終極的善，可以種下我們成佛的習氣呢？」我堅持。

「研讀佛的教法。」他簡單的說，沒有抬頭看我。

「如果我們完全瞭解佛的教法，」我思索了一下回答，「在理論上，我們就能夠正確瞭解哪些行爲、話語和思想會使我們未來的世界變得圓滿，也可以完全避免那些會引起我們世界變得不好的事了。」

他抬頭往上看，眼睛一眨也不眨嚴肅的說：「這不是理論；你可以確實做到，過去無量諸佛已經這樣做了。」

「那麼，請教導我哪些作爲會熏習善的習氣，因爲我深受世間之苦；更確切的說，我現在已經知道這個世界純苦無他。」

「敘述一下你的世界裡的每一種苦，我會根據佛（正遍知）所說，告訴你哪種行爲會帶來痛苦。」

我不假思索就脫口而出：「死亡。哪一種作爲會在心中植入習氣，讓一個人看著自己死於可怕的癌症？」

「殺生：奪取性命。」

「所以，如果我們避免殺生、不管是殺人或動物，就絕不可能死於癌症嗎？」

「正是如此，除非我們在開始避免殺生之前，就已經種下殺生的習氣。」

我思惟片刻這些舊習氣。「如果我們已經藉著（前章所述）四個步驟淨化了心中的舊習氣呢？」

「那麼，你絕對不會那樣死。」

這簡直是驚天動地的一句話；它本身包含自有人類以來一直在追尋的「聖杯」。

我不禁陷入了沈思，感覺像一個人正在經歷某一個偉大帝國的歷史關鍵時刻，像完全覺知這一刻是如何具有歷史性，即便是正在發生時，都了然於胸。

「貧窮；為什麼人類肩並肩生活在同一個國家、同一個地球，擁有同樣的天空和雨水，有些人有足夠的東西吃，甚至於食物過剩，而有些人卻處於饑饉中？」

「偷盜：不與取。」

在心理上，我的第一念覺得這似乎非常合乎邏輯。但後來又浮現一個小小的懷疑，這種善惡業及習氣的觀念似乎有瑕疵。

「但是我看到某些生意人，做生意偷斤減兩，有某種程度的投機；也就是說，這些人常年欺騙他人，卻仍然持續的興旺。」

他稍微抬起下巴，然後往下看，透露著一絲絲不屑，他的眼睛動也不動，眨也不眨。

「所以你曾看過甜李子的種子長出酸檸檬嗎？」他問，幾近挖苦。

「不，」我說，「沒有這種事，酸水果的種子不可能長出甜的水果，種子和它們長出的果實一定是同一類：甜的種子長出甜的水果，酸的種子長出酸的水果。」

「但是你剛才卻說，負面的行爲可以產生正面的結果。」

「哦，似乎是如此。」我回答，有點迷糊了。

「是的，」他說，悲哀的往下看，這次是看著他相疊放在膝上的手。「是的，看來似乎是這樣。」他嘆氣，繼續溫和的說，「這個簡單的事實，造成整個世界的不快樂和痛苦，因爲彷彿藉著欺騙、說謊或詐騙他人就可以獲利、得到想要的，然而事實上，這是在欺騙我們自己數年以至於未來的幸福。」

「現在仔細想想，」他說。「仔細的想一想，在播下種子的同時或不久，就能長大成樹嗎？」

「不，絕不可能。種子長大成樹需要時間；這是種子與結果的自然律，事實上，在大樹長成和果實成熟之前，種子早就不見了。」

「那麼你有理由相信心的種子會表現不同嗎？」

「不。」我說，陷入沈思。即使我曾經對這些問題急求解答，但是在一瞬間，我就掌握了他要告訴我的話。

「根據你所說的，」我開始說，「唯一可以讓商人生意興隆的作爲是布施：滿足別人的需求。」

「正是如此。」他說，第一次對我微笑，很滿意這個小學生。

「欺騙別人的唯一後果，就是導致自己貧窮。」我繼續說。

他微笑著點點頭。

「那麼當我們欺騙別人，以爲因此而獲利時，其實我們只是看到兩件毫不相關的事：一是過去布施的正面種子成熟，二是種下未來必然會貧窮的負面種子。」

他又點點頭。

有什麼東西在我心中爆炸了，我興奮的喃喃自語，「這就解釋了爲什麼同樣是欺騙別人，有些人似乎飛黃騰達，有些人似乎一敗塗地；有時不管有沒有欺騙別人，有些人似乎一無所成，有些人似乎無往不利！世界的運行方式，光從表面是看不出來的。」

他興奮的點點頭，把背往後靠，下巴微微抬高，往下看，彷彿在指引我朝向更大的領悟。

「如果某事眞的是另一件事的因，」我說，有點想不透，「那麼只要有合適的條件，應該一定會引發那件事。譬如我們知道玉米種子是玉米作物的因，因爲，如果具足所有必要條件，玉米種子永遠會長成玉米，不會長成其他穀物。如果做生意不誠實，是商場獲利眞正的因，那麼只要所有的緣都一樣，每當我們欺騙人時，應該永遠都會獲利。可是實際情形並非如此，欺騙不能讓我們獲利。更確切的說，眞正造成事業興旺的因必定是其他東西，那是永遠能夠帶來富饒、絕無例外的因。」

「那是布施。」他溫和的做了結論，以一個驕傲的父親的眼光看著我。

此刻，我幾乎是一筆揮就我及周遭親友未來幸福的願景。我可以毫不猶豫的說，它是我人生中幾個最重要的時刻之一。

我的心又回到我自己的痛苦，以及和我一起經歷痛苦的人。「人際關係，」我說，「似乎是我們這個世界最大的快樂來源，然而也是同等、甚或更大的痛苦來源。我們看到有些夫妻白首偕老，有些配偶原先十分親密，後來卻離異，我們也看到有些人從最初那一刻就注定不幸的結局。這些不快樂的人是植入了什麼樣的種子，讓他們眼看著這一切發生在他們的關係上？」我問。

「對配偶不忠的緣故。」他毫不猶豫的回答。

我想到一些我曾聽說過的例子，心裡有些猶疑，因為我知道有些海誓山盟的男女，卻被無情的第三者拆散，但當我分辨出前者是未來幸福的現在因，後者是過去不忠於配偶的現在苦果時，問題就迎刃而解了。功德光言簡意賅，邏輯眞是無懈可擊。

這使我想起另一個一直令我極度不安的苦。

「我們看到在這個世界，」我開始說，「有些人說實話，得到大家的尊重；有些人即便說謊，也還是被人尊重。更有一些人雖然說實話，卻沒有人相信；同樣的有些人說謊，也是沒有人相信。」

「那些被人相信的人是因爲他們過去說實話，不被人相信的是因爲他們過去說謊。」他簡短的說。「不要忘了那個欺騙的人似乎獲得成功的例子，不要被表相所矇騙。使用你的心、你的推理，去看出你那雙眼睛絕不可能看到的眞相。」

我點點頭，繼續列出我人生中不愉快的清單，我記起一些我最不愉快的時光，都是和那些彼此不斷爭吵、在背後互相攻擊的一群人一起度過的；一般而言，他們的個性都有極大缺陷。如果我們限於環境所逼，和他們相處很久，就會讓我們的人生變色，尤有甚者，我們自己的個性也開始受到影響。

我問他這些事情的因是什麼，他點頭表示瞭解，再度垂下目光，整理袈裟，進入靜默。然後他輕輕嘆了一口氣說：「你難道沒有注意到，世間人總是希望別人成爲自己的朋友或愛慕者，萬一他們結交了別的朋友或敬愛別人，我們就會有股衝動想要挑起他們之間的分歧，然後做出導致這種不愉快結局的言行？難道你不覺得，每當身邊人彼此建立友誼和甜蜜關係時（即使爲時不久），我們經常（可能我們完全沒有意識到）都會說話酸溜溜的有意疏遠嗎？這就是你的因，這就是爲什麼我們經常看見自己陷入你剛剛所描述的人緣不佳關係中。」

對我而言，這似乎又是無懈可擊的邏輯，我特別仔細的把這種談話銘記在心，因爲我深深珍惜與這些聖者的相處。這讓我想起在我工作的圖書館中，那個暴躁的圖書管理人，所以我問，「是什麼因造成的習氣，使我們聽到身邊某些人總是說一些令人不愉快和挑釁的話，彷彿他們所想的就是如何與我們尋釁吵架？」

「這個因就是對人惡口，事實上，」功德光說，當他往下看時，以他特有的方式聳了聳肩，「即便是對無生命的物體：比如當我們說鄰居的壞話，或是詛咒被我們踢到的石頭，或對遲到的車輛咆哮。」

「但是假使某個人，」我開始感覺有點防衛，「從不認爲我們所說的話或建議有任何價值，而使我們覺得自己一無是處呢？」

「這也有它自己的因，」他立即接著說，彷彿預料到我的想法，「這是空談，是人類眞正的剋星，它慢慢而必然的窒息了絕大多數人的生命，也種下了無量無數未來不幸的種子。」

我回想起自己經常與朋友喝茶聊天，猛然發現我們說了多少廢話，甚至於幾小時之後，都想不起來曾經聊過什麼。我們每天看的新聞似乎也是如此，隔日即忘，好讓我們可以揮霍更多的時間去看新的訊息。

這使我想起圖書館附近旅館中的商人，爲了追逐財富，埋首在滿是最近物價與趨勢的報紙中，並進行密集而費時的談判。日子一久，就罹患了精神病，發現自己不是無法勝任工作、無法繼續經營事業，就是在還來不及好好享用努力的成果前死去。

「造成某些人貪得無厭的原因，」我繼續問，「又是什麼？爲什麼那麼多人不能滿足他們已經擁有的財富呢？」

「這是貪愛的習氣所造成的結果：不斷注意別人所擁有的、所做的、所知的而渴求自己也擁有這一切。」

從他的話裡，我想到了自己是如何渴望得到圖書管理人的職位，渴望瞭解他所瞭解的藏書，不是因爲我尋求能夠利益自己及周遭人的知識，而只是因爲他擁有這些東西，而且樂在其中，我想我應該像他一般。經過一番反省之後，也許我應該多協助他才對，而不是不斷尋找枝微末節的事去煩他。

所以，我提出另一個問題：「我認識一個人，他有個助理非常嫉妒他，非但沒有眞誠協助他，反而不斷找他麻煩，讓他處處產生問題。」

他雖然沒有抬頭，卻拉高視線看著我，彷彿瞭解我的心思。他眼瞼微張，觸動我心中另一張臉的影像；我領悟到在這個神聖的地方，我和我所遇到的每一位上師所發生的事。「那個人，」他仔細的說，「正在經驗惡習氣的果報。」說完話，他平常沈著的表情扭曲了起來：貓頭鷹的眼睛睜得更大，加深了前額的皺紋，他又深深嘆了一口氣。「多麼奇怪和反常啊！」他靜靜的說，「我們居然想盡辦法要讓別人失敗。即使我們在職場中與某些人密切共事，甚至擔任他們的助理，我們的財富與生涯都仰賴於公司的成功，但是我們卻心懷惡念，想看到他們失敗，而且當他們眞的失敗時，對他們毫無同情心。」他意義深長的看了我一眼，立刻恢復先前的視線，默默凝視交疊在膝蓋上的兩隻手。

我羞愧的坐了一會兒，低下頭看著自己的手，卻被惱人的念頭牽動，再度發言。「如果助理所惹的麻煩，是起因於圖書管理人過去對別人心懷惡意而薰習的負面習氣，那麼一切都是他的錯——不是助理有意找圖書管理人的麻煩，反而是管理人自己心中過去植入的種子，現在果報成熟所致。」

「確實，確實；雖然你還應該加上一點，助理的惡意**將**如他所預期的，也帶給某人麻煩，那個人就是助理本身。」

「所以我根本也不可能幫助到他人，」我反駁：「因爲如果圖書管理人眞的發現我對他有所幫助，也只是因爲**他**過去曾經幫助過他人。」

這次，功德光的臉生氣的對著我：「你正走在懸崖峭壁的邊沿上，你正把劇毒擦在嘴唇上。你即將生起一個確實邪惡的念頭，極少數人有善因緣了解你在『花園』學習到的佛法，他們當中有許多人也都曾被這個念頭欺騙過。

「你所說的每件事都是眞的。任何人的痛苦都是源自他過去所做、所言、所思的業力種子。這些習氣使他們看到自己受苦，所以每一個人的痛苦即便是最細微的煩惱，都是咎由自取。

「同理，如果我們設法幫助陷入痛苦的人，也成功的帶給他們一些安慰。他們感到安慰，只是因爲他們此刻正在經驗心中一個不同習氣的成熟，一個好習氣成熟爲我們所謂的安慰。

「但是，如果你以爲我們因此就沒有責任去安慰別人，以爲幫助別人不是我們絕對的義務，也不是人生的使命，那麼就枉費你在這個地方的學習了，也辜負了『她』及所有在這裡教導你的人，你也無法利益將來那些可能從你在這裡所學而獲益的人，最重要的是你辜負了自己，你喪失人性。你心中明白我所說的話是眞的。」我確實感覺到自己幾近放任的想法大錯特錯。從這位不輕易流露情感的上師，迸出了這番罕見、熱情的談話之後，接踵而來的是一片寂靜。有好一會兒，我只能聽到他沈重的呼吸聲，然後他又泰然自若的繼續。

「也許現在你會問是什麼原因，讓大多數人執著明顯錯誤的宇宙觀和人生觀，因而危害我們全體眾生的幸福。『幸福是我們每一個念頭和每一個作爲的目標，』你應該問：『人們的觀念卻如此明顯而致命的摧毀了幸福，爲什麼？』

「答案，」他說，「是縱容自己生起導致不快樂的念頭；你現在已經品嘗到眞理的滋味，瞭解是什麼原因造就我們的世界。你應該可以體會到你過去的想法，還有大多數人會持續進行的思考模式，是如何植入了最有害的習氣。」

我克制的默坐了一會兒，唯恐功德光上師不願做進一步的解說，我的問題就無解了。他持續盯著下面看，數著念珠一遍又一遍持誦不知名的祈禱文，然後又突然抬頭，張著又圓又大的眼睛，定定往我這邊看。

「問吧！」他簡短的說。

我鼓起勇氣，接續剛才心中的疑問。「你已經談了很多我過去的作爲和想法，植入我心中形成的習氣，也描述了這些習氣是如何影響我個人的經驗，十分令人折服。你一直暗示是這些習氣在創造我的世界；你所謂的世界，是包括外在的物質世界，我們所居住的環境嗎？這些習氣強大到可以支配引起我們痛苦的物質世界嗎？」

「說出這種苦讓我們看看。」他說。

「我有一次到東方去旅行，」我開始說，「在那裡參觀了兩個非常不同的國家。他們都在相同的緯度上，基本上有相同的土壤與地理，同樣的雨水和陽光。在兩個國家裡，我看到他們種植相同的穀物，有時連種子都相同。其中一個國家，當穀物成熟磨成麵粉時，似乎養分很少，總是品質較低劣、較髒，人民吃了骨瘦如柴，弱不禁風，有時甚至因此而罹病。而鄰國的穀物製造出健康厚實的麵粉，人們吃了容光煥發。事實上，當我想到兩國的醫療時，也是如此：第一個國家的藥物總是有某種缺陷，療效較差，甚至有毒；而第二個國家的藥物一直都很有效，總是藥到病除。是什麼原因引起這兩國的差異呢？」

「又是殺生。第一個國家的人過去世殺生，而第二個國家的人民沒有殺生。」

我簡短的思考了一下，又問：「我們一直都在談業及其在我們心中留下的習氣，使我覺得我們必須自作自受誰也分擔不了，這讓我相信習氣只能種在個人的心中。但是現在你談的是世界本身，是許多眾生所居住的環境，你似乎在暗示有一個巨大的習氣是一大群人共有的。」

「不是共有習氣，」他深思著說，十分重視我的問題。「而是有一夥人，在過去一起造作了善行或惡行。這個團體的每一個成員，因此薰習了相似的世界習氣，縱然內涵有些許不同，當果報成熟時，每一個成員經驗了相同的事物，比如在世界某一個區域的穀物較差——縱使穀物問題對個人的影響力稍有不同，這是由於過去造作共同的行爲時，個別的動機稍有不同。

「實際上，這，」他簡單的說，「說明了兩個國家爲什麼有不同的表相，爲什麼那些無形卻又似乎必然的所謂『國界』是如此劃分，在邊界的一邊是赤貧，而邊界的另一邊是極度富饒。」

「所以，如果兩國交戰，」我繼續說，「如果兩軍相互廝殺，那麼任何一方、任何一位積極支持這個作戰計畫的人，都會因殺生的行爲，在他們的心中種下個別的習氣。」

「完全正確，」他說，「任何一位支持戰爭的人，都會種下和在前線扣動扳機殺人一樣深沈而牢固的殺生習氣。」

這很快的讓我有了另一種想法，我興奮的說，「所以，如果有一個國家被另一國威脅，被對方入侵的軍隊所威脅，如果人民團結起來，因而殺了入侵的軍隊，那麼這些人民都會因殺生而在心中種下習氣。」

「正是如此。」他說，聚精會神的看著我，他又圓又大的眼睛不斷擴張，似乎占據了整個前額，等待我去領會。

「這些殺生的習氣，將來難道不會讓這些人民心中浮現生命遭受威脅的想法嗎？」

「哦，被入侵的軍隊威脅嗎？」他問，帶著一抹痛苦的微笑。

「所以，難道我們不能說，」我抓住自己的想法，匆忙的說，「現在入侵別國的軍隊，源自被威脅的人民在過去世集體殺生因而在心中種下了習氣？」

「完全正確。」

一顆「大太陽」在我心中升起。「所以，我們難道不能說當一個國家以牙還牙、以殺止殺時，**事實上，是在創造這個國家未來再受同樣的威脅？**」

他旗開得勝般的看著我，他的頭一直往後傾斜，彷彿他剛指揮完一場精采的交響樂演出。

「**那麼面對生命中的不愉快事件，我們的本能反應，**」我總結，「**事實上就是造成我們再度經歷那個不愉快事件的行爲**。整個世界就是巨大的惑業苦輪迴；別人由於無明，對我們做出錯誤的行爲，使我們受苦。如果我們因無明而以牙還牙，就會使對方受苦，惑業苦的輪迴就此啓動。」

對於我的領悟，他眞是悲欣交集。我倆相對無言好一段時間。

「那麼，一切是從何時開始的？」我問。「是誰先殺生的，使得他們的生命受到威脅，使得他們能夠再轉世投胎，只爲了再被威脅呢？」

「爲什麼必須有一個開始呢？」他問，這是一個既簡單又深奧的問題，讓我在未來的生命中，不斷思惟它，卻總是找不到答案。

「所有的事情都必須有開端，」我又反駁；「你自己也說事出必有因。」

「的確如此，這正是我們的存在、我們的心爲什麼沒有起點的原因。」

「什麼？」

「想想看，」他有點不耐的說：「忘掉跟隨你長大的觀念，現在你應該已經瞭解伴隨你成長的觀念，有多少是錯誤的，只是代代相傳、無人檢驗的神話而已。現在爲了你自己，仔細想想，假設你是唯一活在這個世界的人，想想你的心來自何處。」

我坐到草地上，事實上有些生氣。

「你已經研究過心，你知道心只能從心而來。這個無形的、具有覺知能力的、難以形容的、無遠弗屆的心，只能由相同的質素產生；也就是說從另外的心產生。比如在你第一剎那進入母親子宮的心，是源自於你之前存在於某個法界、某處的心。我們已經證明過這一點；你還記得嗎？」

「我記得。」

「現在想想你一長段時間的心流：想一想這一剎那的心，引起下一剎那的心，流向下下一剎那的心，心就是以這樣的方式相續不已，前一剎那的心創造了現在這一剎那的心。」

這種說法有點難以理解，但是只要我仔細思惟片刻的話就能明白：我現在的心是前一剎那的心的結果，下一剎那的心是從我現在的心流過去的。

「現在，讓我們檢驗，」他簡短的說，「心一直是有因的東西。」

「正確。」

「它的主因是什麼？是什麼東西直接變成心的，就像是什麼讓種子發芽，是什麼讓黏土製成陶杯？」

「所謂『心』的東西，只能被所謂『心』的東西創造。」

「生起任何一念心的原因何時出現？」

「任何一念心的前一刹那。」

「所以，」他歪著頭說，對根基較差的人來說，可能會認為他很自負，「正因為心以心為主因，所以它沒有起點。你無法指出你心中過去的任何一念心，甚至好幾百萬年前的任何一念心，而說『這』一念心沒有主因，純粹是無因而生。你的心有主因，那就是你的心，所以你的心沒有起點。習慣這種思惟：這不是你過去的觀念，對你而言這是全新的，它是純粹的、絕對的眞理。」

這眞的是非常難以理解：我童年的想法和整個文化都排斥這種概念，但是它的含意，卻是非常清晰的。

「我們因爲過去的暴力行爲而引來暴力，而我們總是以暴力回應，當我們以暴制暴時，我們只能確定又會有更多的暴力加諸自己身上嗎？」

「完全正確。我拜託你，別忘了剛剛『欺騙者卻獲得成功』的討論。在這些事情上，不要相信你的眼睛，請相信你的推理，它絕不會欺騙你。如果暴力是眞正解決衝突的方法，如果暴力是和平的因，那麼它永遠會帶來和平；因爲當所有其他必要的緣現前時，因必然會帶來預期的結果。暴力不是和平之因，因爲暴力絕不帶來和平，道理就是如此簡單。」

「那麼，當我們以暴力回應暴力時，」我懊悔的說，「我們唯一能確定的是招來同樣的暴力，而矛頭總是指向自己。」

他點點頭。「現在休息一下。」他說，因爲我們兩人的身心都需要休息。然後他像老人一樣彎腰坐著，不斷凝視他的手和手中轉個不停的念珠，而我則起身靠著佳樂樹，仰望星空。

「不只是暴力會植入招致更多暴力的習氣，」他輕聲的補充，把頭稍微轉向樹，「而且不管是殺生、妄語或邪淫的業力都會被心帶往未來世。這解釋了爲什麼幼童會有善行或惡行的傾向，當他們長大成人時，更加無法避免這些行爲。」

我點點頭，這十分合理。我一直想著我甚至可以在嬰兒的臉上，看到某種的喜歡和不喜歡——彷彿是從他們過去所生活過的地方所帶來的——我也注意到我小時候的同學，彷彿有與生俱來的天賦或暴力傾向。我筋疲力竭的往後靠著樹，想從這棵熟悉的樹吸取力量。我從枝椏間捕捉到星光，這些星星激起了我最後的問題。

「但是在地球出現之前，」我問，幾乎是低語，「我的心在哪裡？」

「你看到答案了，」他說：「宇宙有無量無數有生命跡象的星球，每個星球時候到了，就死了。實際上，當太陽光照開始增強時，我們現在正坐著的地球就會燃燒起來，邁向毀滅。

「當心所依的身死亡時，心一定會短暫進入一個新的身體——中陰身，當作暫時的居所，直到心進入一個新身體爲止。當然，這個新身體來自過去所做、所言、所思的習氣。」

「這個中陰身不會被支配正常身體的法則所束縛，它幾乎是以心念的速度移動，因此，可以進入另一個世界、另一個法界的下一個形體，其遙遠非你我所能看到。在任何星球毀滅前死亡的最後一批人，他們的心就會以中陰身的形式轉移到另一個法界。

「我告訴你這些只是爲了讓你瞭解，因爲你問我，而且因爲這跟我們到現在爲止所談的問題有關。我現在無法直接顯示中陰身給你看，所以在你完全接受這個觀念之前，你必須更進一步自己探究，否則你會認爲它不合邏輯。我們已經談了很多不合邏輯的事，不是嗎？」他帶著韻律感說，頭點得更低了，彷彿在打盹，而我呼吸著夜晚的空氣，並試著在我小又疲累的心中整理頭緒。

當我醒來時，我完全迷失了；我不知道現在幾點鐘，甚至可能已經又是另一個夜晚，我所知的就是這些了。我望向椅子那邊，看見老上師功德光挺直的坐著，彷彿隨著內在靈性之歌的節奏，輕微的前後搖動，凝視著我看不到的東西。我站起來，向他頂禮，神清氣爽的坐在他腳邊的草地上。他停止搖晃，下巴微抬，他巨大如貓頭鷹的眼睛，從那不可思議的內心深處再次凝視著我。

「在這之前，」我開口，「我們的談話都沒有偏離主題……」

「我們並沒有偏離呀！」他糾正我。

我點頭；他絕對正確。

「我們已經談過外在世界的因，以及決定我們當前環境的心中習氣。」

他點頭。

「我曾經去過一些國家，」我說，「他們的問題不僅僅是食物沒有營養，或醫藥沒有療效，而且是穀物從未種植成功過：不是長不出來，就是在田裡被鏽斑病所破壞，或因爲沒下雨而枯死，或因爲下雨太久而爛掉。」

「偷盜的結果，」他喃喃自語，仍舊低著頭看他的手，「那些在同一地方偷盜的人會共同經歷這些苦。」

「我也去過一些國家，」我繼續說：「大街小巷所到之處，空氣中總是飄著糞便等污穢物的惡臭，一連串令人不悅的景象或氣味。」

「由於各種邪淫行爲種植於心中的習氣開花結果。」他確信不疑的低聲說。

「我曾經去過一些地方，人們無法彼此信任、團體中的人無法和諧共事，他們的工作總是失敗，那是一個充滿恐懼與可怕事物的地方。」

「妄語。」他簡單的說。

「爲什麼有些地方如此平坦，讓人可以輕鬆的旅遊與鋪路，有些地方卻充滿難以橫越的峻嶺與深壑呢？」

「兩舌。」他回答。

「是什麼造就了有些奇怪的地方，滿地礫石，遍布荊棘，沒有河流與湖泊，大地乾裂、貧瘠甚至險惡？」

「惡口。」

「爲什麼有些地方的樹木似乎是失敗的作品，不是不能結果，就是在非時結果，不是太晚就是過早，而那些果實不是無法成熟，就是很快腐爛？爲什麼有些城鎮，寧靜幽雅，公園綠草如茵，人們可以徜徉其中，而其他地方卻像都市叢林，人們無法身心放鬆，危機四伏呢？」

「是戲論的結果。」他嘆息。

「爲什麼有些人的物品可以長久使用，並保有品質而耐用？有些人處心積慮才得到的東西，卻很快就壞掉、破裂、不能用或功能減退呢？」

「貪愛別人的東西，希望東西都是自己的。」他說，撥動著他的念珠，似乎一談到這個世界就心煩。

「爲什麼世界上有某些時期，或在某些國家、城市中，人們鬥爭殺伐，惡疾流行，在每棵樹和岩石下都隱藏著蠍子與毒蜘蛛之類的小生物，還有獵豹、熊等猛獸，更恐怖的是，到處有歹徒虎視眈眈等著洗劫或傷害無辜的路人呢？」

「詛咒，」他溫和的說，「對別人的失敗幸災樂禍。」

「爲什麼有些國家或地方，邪知邪見盛行，而且在人民心中扎根？爲什麼有些地方的眾生，竭盡所能追求，卻永遠得不到他們所要的幸福？爲什麼有些人一生勞勞碌碌追逐財物，卻只是得到痛苦的結果？爲什麼良善、健康、純淨的觀念，或可以提升心靈、讓人解脫的思想，卻變質無法讓追求和平的人心安？」

「邪知邪見，」他說，他猛然倒下，似乎因爲觀看人類所思、所言、所做和世界之間的微細業果關係而筋疲力竭。

一想到這個苦海般的世界，一想到煩惱終究會毀滅每一個人際關係、每一個人、每一個物體，我幾乎也無法自持。我在心中想著，其他上師曾提到的其他法界或許還有些希望，我問功德光，是什麼樣的世界習氣創造了其他法界？

他很快就瞭解我這一連串的思想，雖然不樂意，卻還是打斷了我的思緒：「今天晚上我們所談到的每一種行爲，從殺生、妄語到邪知邪見，如果犯行嚴重，就會植入一種世界習氣，讓我們陷入最巨大的無明和最恐怖的痛苦，這是你們人類所無法想像的。（譯註：指地獄）

「這些同樣的行爲，如果犯行較輕的話，就會在心中植入一種習氣，使你看到自己是痛苦的鬼或畜生：往下看看你的手臂或手指，變成了爪子或羽毛——不要以爲我在誤導你，因爲心是不滅的，而且具有絕對主宰的力量；如果心能夠讓你對整個世界和一生維持不斷的認知，那麼就不要懷疑，只要害人的惡業稍微影響到心，就會產生我剛才所說的法界。

「因此，你必須瞭解，」他疲憊的說，彷彿對我多說是痛苦的，「我今晚稍早所提及的業果，亦即你所說、所做、所思對個人經驗和世界的影響，都存在於你投生爲人的心相續中，要轉生爲人是絕不能造作這些不善業。因此我有些躊躇的告訴你，人身是希有難得的。你現在有機會得人身，可以清晰思考，可以眞正瞭解你居住世界的痛苦，可以瞭解苦因，最終找到眞正的解脫之道，是珍貴難得中的珍貴難得。」

功德光好像突然恢復元氣，他直直的坐了起來，第一次鬆開一隻放在膝上掐著念珠的手，在他挺直的身軀前，彎曲著手對著我，用食指輕輕敲我的頭，「來吧！我們在這裡待了一整個晚上，儘管我們的談話內容讓人氣餒，我問你，難道你沒有看出一線希望嗎？」

我已經這麼想了，毫無疑問的他知道，難怪他突然單刀直入的問我這個問題。

「我認爲，」我用自己的力量說，「如果我們不造作這些傷天害理的行爲、語言和思想，自然就可以避免這些痛苦。

「我認爲，」我繼續說，「我們可以更進一步：諸惡莫作，眾善奉行，就可以形塑、創造沒有痛苦的未來世界。

「爲了達到這個目的，我認爲我們必須護生，不管是人或動物；我們必須絕對尊重別人的財產；鼓勵忠於配偶或伙伴的美德；永遠只說實話；致力於讓人們彼此更親近；親切、尊重的對身邊人說話；只談對我們人生有意義及有利益的話；樂於布施，隨喜別人如願以償；成人之美，代人之勞；起心動念都要能自利利他。我認爲這將會植入往生淨土的習氣，遠離你今晚所描述的恐怖世界。」

「淨土不僅在你四周，」他快樂的說著，顯出今晚未曾有過的活力，「而且在你心中：清淨的念頭會讓你看到你完全清淨、安詳的心。」然後，他停頓下來。「但是如果你現在眞正瞭解它爲何發生，將來會如何發生，那麼請你仔細聆聽我以下所說的，因爲這是我今晚來此花園的眞正目的。

「我們負面習氣的力量是非常強大的，我們屈指可數的正面習氣，是由微弱、難以起作用、偶發的良善意念所植入的。如果你在忙碌的每一天當中，誠實的檢驗你的念頭數分鐘，你就會發現你總是對身邊的人事物，懷著些微的憤怒或自私。

「爲了讓你的善業習氣能夠增長到創造理想的未來世，你必須找到一個方法，讓你的心更認眞行善——不是因爲有人會在某處計算你的錯誤，然後懲罰你，或其他類似的事，嚴酷的事實是因爲你無法逃避凡事都會變成痛苦的這個世界，除非你持續不斷的學習，並造作能廣大利益你自己及身邊人的善行。我談的是受戒。」他說。我回想起他在一千多年前，撰寫了一本有關「戒律」的經典巨作。

我想了片刻，誠實的回答：「理智上我瞭解我們今晚所談論的，我如果希求自己與他人的利益，從今天晚上起，我必須眾善奉行，這當然是非常符合邏輯的。你和其他在這個『花園』指導我的卓越上師們，給我一個感覺，做對事、做對眾生有利的事，比起自私的傷害別人**更有趣**，帶來更多喜悅。

「但是當你一提到戒律時，似乎喜悅就消失了，讓我想到某種約束與沈悶無趣的人生，一群無法面對人生挑戰的挫敗、痛苦男女，逃到寺院，把這些挫折封鎖在內心，變成顚倒扭曲的人生。這不是我追尋的人生，而且我看到出家幾乎無法幫助我眞正行善，因爲行善必得在世間、人群中。」

我說完話，他就伸出手摸我，這是整個晚上的第一次。他把充滿愛的手掌放在我的兩頰上，我首次感到從他身上發出強烈的溫暖，進入我的心，讓我也想起了「另一個人」。他非常慈悲的看著我說，「我承認你可能遇過像你剛剛所說的這種出家人，然而我敢說你或許判斷錯誤了，你應該對遣詞用字特別謹愼。受戒絕不是這個樣子。「你的世界恐怕已經不重視受戒與守戒了，你們幾乎不瞭解受戒的眞正內涵。觀想你走到某一位偉大聖者的身旁，他洋溢著慈悲和智慧，你跪在他面前，看著他的臉，從他臉上看到清淨善行所散發出來的無上吉祥與快樂，瞭解你也可以得到這種深沈的寧靜，你合掌當胸的說：『我在你面前發願，我會像你一樣找到你已經發現的快樂。』然後起身，帶著新的承諾，彷彿長了莊嚴有力的新翅膀，走到窗邊，飛出去，自由自在翱翔。這就是眞正的受戒：戒是喜悅，是快樂，是從自私和惡行的牢籠中解脫，是覺悟，是在覺悟眾生，是光。」

他喜形於色，沐浴在落月的餘光中，不久花園變暗了，只有繁星灑下金光，在他的頭上形成光暈。我心中一片空靈，我第一次頓悟，想要受戒不是因爲長篇大論的解釋，而是因爲面前這位聖者的大慈大悲。

他發出越來越亮的光芒，低頭對我微笑。「先受在家戒，」他說：「每一個人都可以受在家戒，它會帶給任何眾生喜悅。想想你所認識的任何眾生都苦海無邊，關係不睦，爲了止息自己與他人的痛苦，你發願絕不再殺人、不再偷盜、不再邪淫、不再未證言證。你也要決定戒酒、戒毒，我不用說你也知道那是永無止境的痛苦根源，也絕對是時間和金錢的浪費，讓人甚至連一分鐘也無法做清晰的思考。」

我想了一會兒，問：「我能瞭解戒毒或許是好事，因爲嗑毒的情形十分氾濫，而且很明顯一無是處。但爲什麼要發願不做其他四件事呢？任何有羞恥心的人絕不會殺人、邪淫、大妄語，爲什麼要受這些戒呢？」

他挺直了身，直視我的眼睛，「這是一個值得回答的好問題。因爲受戒而避免犯錯，它所創造的習氣力量，遠大於未受戒而避免犯錯的力量。換言之，受戒後的任何善行會產生巨大的果報，影響力無法想像，足以完全淨化你的心及世界。沒有戒，淨化工程就困難多了。

「受戒幫助你持戒，也因此避免種下產生痛苦的負面習氣。你要隨時記得佛的慈悲制戒，這位聖者的愛與虔誠會保護你不犯惡行。你要記得跪在聖者前請戒的原因，不是基於某種責任，不是基於某種自虐，而是一種解脫的行動，學習展翅飛翔，飛到大部分世間人無法想像的幸福。」

功德光靜靜往下看著他的手，轉動手中的念珠好幾次後，突然的他挺直了背，往後靠，再度抬起下巴，望向天空——然後開懷大笑，彷彿快樂的孩子發出銀鈴般的笑聲，只有純然行善、利人淑世的聖者，才發得出這種自在圓滿的笑。

9

慈　悲

與功德光大師的會晤，讓我做了好幾個月的功課。我走過小鎮的市集街道，或坐在圖書館窗邊，看著窗外的棉花田和橘子園，試著了解這些怎麼可能是從我心中某種習氣或種子所產生的。這似乎很難令人接受，但是當我在禪修中，回顧這些我們一再談論的觀念時，就發現它們實在是無懈可擊。功德光上師說，當我面對種種事物時，不可以做自然反應，要放下成長環境的文化偏見，而代之以仔細推理的洞見，他眞是一言擊中要害啊！

隨著不斷的思考與觀察，我很快就習慣於這種看待事情的新方式，它帶給我很大的安慰，因爲它解釋了我世界裡的每一個面向，以及我這一期生命的經驗。尤其是某件事出錯的時候——當圖書管理人爲了某個小錯對我咆哮時，或當我非常渴望的東西沒有兌現時——我就會回想我與功德光的會晤，試著瞭解這一定是源自我過去的所想、所說或所做。

同時，我覺察到我對每一件事情的自然反應，比如，當圖書管理人嚴厲責備我時，我會做無禮的回應，正是這種行爲爲我植入再度被咆哮的習氣；也就是說，如果我不約束自己自然的負面反應，就會永遠承受這種我嘗試要避免的痛苦。

很顯然的，我有必要採取某種措施，以幫助我約束自己對錯事的自然反應，所以我決定求受盡形壽的在家五戒。我掛單的小寺院，和善的方丈以簡單的儀式爲我傳授五戒。

我眞的非常樂於守戒，而且習慣在一天當中，每隔幾小時就檢視我守戒的情形；這並不是說我每隔幾小時可能就會殺人，而是我把它當作一種挑戰，去找出我的作爲中，最可能危及另一個人甚至是動物生命的行爲。然後爲了達到我內心的平衡，我也花幾個小時尋找自己的正面行爲，譬如我對護生所做的事，同時撥出幾分鐘，隨喜自己的善行——因爲方丈和尚告訴我，這是讓我增強心中正面習氣力量的方法。

在每天入睡前，我反省功德光上師提到的十善業，檢視我有哪些行爲最接近善，又有哪些行爲最接近惡。爲了反省每天的行爲，我養成寫日記的習慣，每天在同一張紙上分列十種善、惡行中的兩、三項——

①殺生

我今天差點殺生：我的馬幾乎踢到人

我可說護生了：提醒R小姐服藥

我在日誌前面列出十善行和十惡行：

1. 殺生	1. 護生
2. 偷盜	2. 尊重他人財物
3. 邪淫	3. 尊重別人的伴侶
4. 妄語	4. 只說眞實語
5. 兩舌	5. 讓人們重修舊好

6. 惡口	6. 愛語
7. 綺語	7. 只說有意義的事
8. 貪愛別人的東西	8. 幫助他人如願以償
9. 幸災樂禍	9. 雪中送炭
10. 持惡見	10. 檢視自身信念，只持眞實良善的見解

每天晚上我會選擇兩、三個檢討項目，寫下我或對或錯的所做、所思和所說。只不過幾個星期，我就發覺我自己和我的世界正在改變。

我注意到的第一件事情是令人相當苦惱的，因爲我開始覺知到一整天，尤其是當我在跟別人交談時，常常暗示或甚至明說我有多行，並讓人們彼此疏離；就算我並未使用明顯的粗話，語氣還是不好。我開始擔憂我可能會每況愈下，而非漸入佳境。但是方丈和尚指點我，當一個人開始認眞觀察自己的所言、所行、所思時，通常都會有這種印象。

最立竿見影的修行效果，就是我完全不說、不做或不想非常明顯的負面事情，即使我是初學者，還是會注意到這些改變。因此眼前所發生的事，就與種子習氣沒有多大關係。一切變得簡單多了：我心中有了更多的時間，可以用在更好的事情、更正面的想法上，我發現自己變得更有創意、更能專注，而且整天心情都很好，單純而快樂。避免在心中植入壞種子，是美好、有趣的事，並非當初功德光上師提到受戒時，我所想到的沈悶與枯燥。

我也注意到了我的世界在改變，雖然緩慢但是穩定，我記得如果有意識的、誠心的植入種子，它們也會相對的快速成熟：最理想的情況，是這一輩子就能改變整個生命。開始發生在我身上的改變，我很難用筆墨形容，但肯定是顯著而眞實的。食物變得更好吃，臉色變得更明亮，我覺得心中不斷湧出喜悅和創意，身邊人的言行似乎開始具有靈性。

9 慈悲

我有一個直覺，如果能終其一生如此生活，即使生命中有些無法避免的事情——像生病、老化、死亡——也有可能全面改觀。我也覺得如果要有更大的改變，除了目前的努力之外，還需更有力的東西，所以我不得不再度踏上「花園」之旅。

此時冬天已過，春天正大放異彩。那晚當我穿過大門時，或許全然因為我最近的持戒生活，我注意到那一小片草地已經變成青翠的草坪。泉水彷彿遠比過去晶瑩剔透，不再只是沙漠之水；佳樂樹樹枝伸展到周邊的小磚塊平台之外，幾乎下垂到我所喜愛的小木椅，在那兒我所學甚多。

我坐在椅子的一端，在暮色中，我把思緒和眼光轉到「花園」的南方，轉到我和我的「金髮女孩」曾經站在其下的李子樹，用我的嘴唇在「她的」前額作畫，突然我被一種從未有過的關愛他人的感覺所觸動，同時在我身體深處有一種震撼。我深深的沈浸在這些思緒裡，以至於完全沒有覺知到無著大師已經進入了「花園」，坐在我身邊的椅子上。

我轉身，首先看到的是他的手伸向我，手上拿著香噴噴的小烙餅，一種我母親以前常常烤給我們吃的點心。「喂，」他說，「聽說你喜歡吃這些。」他已經津津有味的吃著，很友善的、毫不做作，並且慫恿我一起享用。我們坐在那裡，享受燦爛的花園和美食；每次我吃完一塊，他又慫恿我從他袈裟上衣旁拉出來的小袋子中再拿一塊。

他看起來與我所想像的大相逕庭。他的異母弟弟世親，已經在這「花園」中以他的教導加持過我，這兩兄弟一千六百年來一直被稱爲兩大著名的思想家。但在這裡，在我面前的他，彷彿只是一位愉快的、友善的朋友，面容純樸誠實，語默動靜體安然，幾近羞怯。他很自然的穿著袈裟，不太過分在意衣著，但也因此袈裟看來是他的延伸，優雅的褶痕與他慈愛的氛圍十分相稱。

「你還好嗎？」他問，「你吃飽了嗎？你想我是不是放了太多糖？我試著把糖灑在上面，但還抓不到訣竅。」

9 慈悲

當我想到一位千百年來被公認爲最偉大的哲學家，居然連我的點心火候是否恰到好處都關注時，我驚異的看著他。但這似乎是他獨特的天性，在他熱心的開口前，就已經教了我非常重要的一課。

「時光荏苒，」他溫和的說，以他那棕色溫柔的眼睛看著我，充滿了關愛，「我發現自己似乎忽略了重要的事情。」

我即刻瞭解他正在暗示我的母親，我對母親的追尋，我在尋找某種方法幫助母親的旅程，如果有任何可能的話。我領悟到我熱中於追求個人的快樂，已經遠超過幫助母親的初心，面對他的善意提醒，我羞愧得脹紅了臉，我將眼光下垂注視著椅子。

他很自然的伸出手，握著我的手，彷彿因爲傷了我的心而道歉，但他緊握住我的手指，告訴我可以開始學習人生的功課了。

「花園是如此的美好，」他溫暖的說，「你好奇過設計一座好花園需要投入多少心力嗎？設計師必須仔細思考，滿足每一位花園遊客的需求，讓每一個人都能在同一座『花園』裡，以不同方式找到片刻的寧靜。」

這幾句簡短的話使我覺得胸口一陣刺痛，彷彿他正站在我面前，對我咆哮，責備我在靈性生活中企圖建立一座非常奇怪的花園——只考慮到自己，卻沒有想到母親及其他一樣需要快樂的眾生，仍找不到老師或「法門」幫助自己。他不同尋常地使用了日常對話，引導我專注自己最需要思考的事情，強烈的敲醒了我，令我深刻的想起「某人」非常相似的特質。

「譬如，假設，」他繼續，似乎完全沒有注意到他的話重擊在我的心版上，「設計花園的人喜歡的是李子和玫瑰，若要去瞭解別人或許喜歡其他品種的花和水果，我想這是需要某種程度的自制和敏感度。所以花園的設計者在某種意義上必須到別的花園，仔細觀察到那裡的人，努力把自己融入他們的立場，學習去看他們喜歡花園的什麼，不摻雜自己的成見。」

他的話又再度擊中我心中的弱點，就在那個當下，我覺得我不得不向他承認，一個長期困擾我的想法。

「我的年紀不大，」我開始，「但是我並不需要花費很多時間，就可以很快明白神聖的事情就是將心比心，眞正設法關懷他人的所需——總之，察覺他人生命所需，設身處地爲他們著想的慈悲心。

「但是坦白的說，」我繼續，「我看不出這怎麼可能辦得到。我完全覺知到我對自己所要的東西比對他人所要的東西更熱中，即使他們的需求更重要，即使他們的需求攸關內心或生命的問題。我完全想像不出來有什麼方法能夠讓我學習關心別人如同關心自己，這使我深感困擾，因爲我知道如果大家都能學習這種聖道的生活方式，將帶給我們這個世界的眾生極大的喜悅。」

「你完全正確，」他表情嚴肅的說，對我所關注的事充滿關心。「我們是如此自然而不經意的過完一生，只擔憂那些微不足道的個人需求，卻忽視了在我們眼前即將餓死或凍死的那些人。正如你所說的，我們覺知到自己缺少這種慈悲心，我知道絕大多數人都會因自己不能以愛己之心愛別人而感到內疚。我們知道我們需要愛別人，但不知如何去愛。」

我們靜靜的坐了一會兒，而我納悶只不過幾分鐘而已，他是如何讓我感覺與他非常親近，他是如何讓我感覺到他的平等心，甚至是信心。然後他溫和的清了清喉嚨，彷彿不好意思的說：「我不是偉大的聖者……」

他雖然這麼說，但我覺得他就是。

「但是以前有人教我這個禪修方法，或許可以幫助我們……」

當然，我知道一定有幫助。

「我不是說我已經能夠應用自如……」

我知道他是非常精通的。

「但也許你會發現有些管用。」他做了結論。我直覺的把雙手舉到胸前，碰觸我的心，彷彿請求他當下立即讓我的心改變。

「將自己準備好禪修。」他溫和的說，語氣充滿權威，這是愛的權威。我做好心理準備，如同我在「花園」這裡向蓮花戒大師學習到的作法。

幾分鐘之後，無著說：「現在觀察你的呼吸，觀察呼吸的入與出。不要用任何方法去改變它，只是觀察。」

我依照指示靜靜的觀察。

「現在觀想，」他低聲的繼續說，「在今晚將結束前，你預期會發生在你身上的一種痛苦或煩惱。」

在這個「花園」中，我想不到有什麼痛苦或煩惱，尤其是無著大師在我身邊時。所以，我想到稍後當我離開「花園」大門時，如果沒有遇見我活著的意義——「金色女孩」，就會像往常一樣生起空虛感。

「現在觀想，」他相當自然的說，「未來的你，或許幾小時內的你，會有什麼樣的空虛感，然後在他（也就是你）的內心深處變成一團黑光。」

我照做了。看見自己內心有一個純黑的小點，在那裡，在大門邊，在大約一小時內，當他（未來的我）離開「花園」大門時。

「現在，祈願你能夠從未來的你帶走黑光，祈願永遠不必再經歷那種空虛的感覺，並決定要將黑光從身上帶走。」

我下了這個決心；這並不難，想到只要從現在起一小時內，我就會變得更好，不再有空虛感。

「現在觀想你用某種剃刀，將未來的你心中那團黑光割掉，並下定決心如果他以後不必再有這種感覺，你樂意將黑光帶進自己身上。」

這次我覺得有點躊躇，感覺可能會傷到自己，但是為了能免除我以後相同的痛苦，我決定如此做，彷彿我們以酒精消毒忍受一刀，知道如果我們現在承受一點小傷痛的話，將會幫助我們停止更大的傷害，我決定現在接受黑光的傷痛。

「觀想把黑光吸到你身上，並在未來的你走過大門時，吸走他的空虛感。把它變成長而薄的黑色光流，當你吸氣時，讓它漂浮在你的氣息上，隨著吸氣進入體內。如果一次吸氣，觀想的畫面不清晰，就多練習幾次。」

我按照無著大師的教導進行，我越專注就越覺得有些厭惡。但是我仍然把黑光帶到我的呼吸上，吸進體內，我知道我正在幫助未來的自己。

「氣息正在進入你的胸膛，黑色光騎在氣上。現在觀想在你的心中看到小小火焰：這是你的自私，源於你錯誤的人生觀和宇宙觀。看，看著黑色光正接近那個小小的自私火焰，快要碰觸到了。」

當我吸氣入鼻孔時，我看見薄薄黑色光的尖端，看到它往下流到喉嚨，進入胸腔，快要碰到我自私的紅色火焰。

「現在仔細看，專注，因爲它將會在瞬間結束。黑光擊中火焰，迸出白光，你自私的火焰轉瞬間化爲烏有，黑光化爲一縷薄薄白煙，也化爲烏有——全部都在一剎那間消失。你決定吸進自己體內的自私和未來痛苦，現在永遠消失了，你的心變得清澈、純淨。」

這部分比較有趣，這是一個快樂的結局，我練習了幾次。每次當小火焰熄滅，白煙消失時，我都感覺到如釋重負，自在解脫。

「休息一會兒，」他說。他從袈裟側邊的褶縫拿出一個小木碗，緩慢優雅的走向泉水，把水裝滿了碗。然後走回來把水給我，我感恩的喝下，後來才想到這個非凡的哲學上師、生命導師，竟然對我這種初學者提供服務，並且是如此自然。

他又坐定，繼續說：「現在觀想某種痛苦的情境或念頭，可能會在明天某個時刻降臨你身上。」

這不是什麼難事，因爲想起一、兩個小時後，我就要駕車直驅圖書館工作，管理人不悅的臉色，立即閃入我的心中。我很容易就觀想到打從內心湧出的憎恨，儘管在那一刻，我會做最大的努力克制，而且事先也下定決心絕不生氣。

「現在把他（明天的你）心中的憤怒觀想成一團黑光。」

9 慈悲

我閉上眼睛觀想，當我僵硬的站在圖書館門口，面對管理人的寫字檯時，一個黑點在我胸中生起。

「現在看清它的眞面目，確定認爲它是未來的你的痛苦，決定把它吸入自己身上。

「現在從你心中切掉它。」我做了。

「現在看到一股薄薄的黑色光流，騎在入息上，接近你的臉。

「進入你的鼻腔，

「往下滲入喉嚨，幾乎碰觸到你心中自私及無明的小火焰。

「碰觸！

「一道白光！

「自私閃出去！

「憎恨化作一陣煙，煙——消失了！」他急切的說。

「你的心——清淨了！」

我再度感到釋放、解脫，一種能夠照顧別人的自傲，即使那只是我自己。禪修在我身上產生更深沈的效果，幾乎是我未曾預料到的。

「現在觀想你在未來一週內可能遭遇到的三、四件最痛苦的事。不要偷懶，清楚的觀想它們，把它們觀想成他（我是指未來一週的你）心中的一團黑光。」

這個練習分量有點重，但是我照做了。圖書館管理人必然會無情的羞辱我，或者至少惡意的罵我，讓我情緒低落好多天，心神不寧、寢食難安。我的問題也可能出自我的馬，每天早晨當我趕著準時到圖書館上班時，牠老是掉蹄鐵或從我身邊跑掉。無疑的，春雨會淋濕煮飯用的木柴，延遲我的晚餐；還有，今晚過後，我會料想得到某種尖銳的痛，那種感覺已經持續了好幾年，惦記著我的母親，總是想著如何幫她。

「你知道那些步驟，」他說，「現在你自己拿掉這些苦。」

這對我來說是新奇的，試著一次專注在三、四個不同的痛上。但我可以感覺到這麼做的回餽更大，於是我慢慢的、清晰的觀想每一個步驟。奇怪的是，我感覺非常輕安，未來這整週至少不會有這些痛苦了。

「現在做一整個月的觀想，」他說。「清楚的想出未來的三十天內，可能發生在你身上七或八件最壞的事情，你自己去練習，慢慢的進行，確定每一件事都很清楚。」

我照著無著大師的教導，大約花了二十分鐘觀想。一方面我逐漸習慣於觀想痛苦，不再像過去那麼猶豫，我也學習如何克服痛苦；另一方面觀想更大的痛苦時，練習就變得越大越困難。每當黑光逼近我的臉時，我就強制自己不去清楚的觀想痛苦，但是我直覺的知道這是不對的，所以再度加倍提起勇氣，在黑光中清晰的觀想痛苦。

「夠了，」他說：「再休息一下。」我挺起背，呼吸著春天的甜蜜空氣，仰望壯觀的沙漠星辰，任憑思緒飄到「她」教導我課程的「花園」隱蔽處。

然後他溫暖的靠著我，把我的手握在他的手裡，誠摯的凝視著我的眼睛。「當你有力量的時候，就擴大一團黑光去包含來年你將面對的重大問題和痛苦。當你更有力量時，拜訪躺在臨終病床上的你，幫助未來的你帶走劇痛。然後觀想死後進入中陰身，踏上輪迴轉世的旅程時，痛苦與混亂大增。最後觀想來世甚至未來生生世世的痛苦。

「仔細的觀想，確定每一種痛苦都觀得清清楚楚，務必慢慢觀想，不要傷害你自己，只吸入你承受得起的黑光。如果你感覺有些焦慮和猶豫，這是很好的徵兆，因爲那表示你眞正把痛苦觀想得很清晰。但是在任何一座禪修中，絕對不應該把自己逼到受傷害的程度，讓你變得緊張或心煩意亂，因爲這對於心靈傷害非常大。關鍵就是定時禪修，循序漸進，讓禪修變得穩固有力，而不是用力過猛，卻歇斯底里，因爲這種禪修方式通常在短時間內就會完全崩潰。

「當力量強大時，你的內在力量增強時，就開始觀想你身邊的人，比如你自己的父親或母親，找出一個或兩個較微小的痛苦，練習把他們的痛苦帶入自身，並在一道白光中摧毀這些痛苦、你的自私和無明。然後把他們的痛苦擴大到一個星期、一個月等等。

「接著按照前面的方法，將觀想的對象轉移到你所愛的其他人、親戚、密友。

「當你覺得可以更進一步時，就對中性的人修慈悲觀：來參觀圖書館的陌生人，或經過你身邊的路人。

「當你的禪修力量夠大，足以跨越更大的鴻溝時，就可以觀想怨敵的痛苦。當你能夠眞正對敵人修慈悲觀時，這將會是一個很大的成就，一種內在的成就，很少世間人會理解的成就。世間人總是認爲贏得賽馬，比戰勝自己內在的壞思想或壞習慣來得偉大，儘管後者困難得多。

「最後，當你到達顚峰時，觀想你把念頭輸送到法界一切處：送到人類的房子、動物的穴居、魚兒悠遊的水池；送到大海、樹及地下的洞，並觀想每個眾生的內、外痛苦加以解除。然後擴大你的慈悲念到其他星球、其他法界、恐怖不堪的法界，雖然你的眼睛看不見，但是你的心知道這必定是存在的。然後再把慈悲念擴大到你所能想像的殺戮世界、星球和法界，把黑色的傷害從他們身上拔除。」他靜靜的坐著，拿起袈裟的衣角輕輕拭淚。

我們在靜默中坐著，我享受著發心關注和解除別人痛苦的美好感覺。我覺得在那一刻世界上沒有比這更美好的情緒——不論是情人間的快樂、成功的興奮、權力或金錢的激情。

「有時候，我想到，」他開始說，接著我聽到的開示，絕非出自偶發的念頭。「天下慈母心的感覺；這不是你或我這一生能夠感覺到的，但是我們可以注意和觀察母親，看到她們對孩子給予盲目而巨大無比的愛，這種愛驅使她們願意做出任何犧牲，只要對孩子有所幫助。

「這種愛有拔苦、予樂兩方面：第一種愛是無法忍受看到孩子受苦——你一定親眼看過一個母親手中抱著生病的嬰兒，用力推開正排隊等候看名醫的人群；一個母親跑去保護孩子，免於受到迎面而來的馬車撞擊；一個母親就像一頭盛怒的獅子，對待任何威脅她孩子的人。

「第二種愛是樂意布施、奉獻；我想我們自然而然會想到母親最初非常樂意供給奶水，以溫暖、幸福的汁液餵養她的孩子之後，看著孩子滿足的臉。即使孩子已經長大成人，她終其一生都要讓孩子得到他們所要的一切：漂亮的衣服，良好的教育，互相扶持的朋友，長大成人後要有好職業、好家庭、好配偶、好孩子。

「每當我想到母親希望她的孩子獲得這一切時，就覺得非常驚訝，因爲世界上只有母親對你的關愛勝過你對自己的關愛。」

我知道無著大師所言不虛，因爲這就是我在我母親死亡前夕所領悟到的。當時我還在大學讀書，聽到風在房門外的樹林中呼嘯，我瞭解到我失去了比我自己更關心我幸福的人。

「所以，」上師靜靜的說，混合著羞澀與強大內在力量的矛盾表情，「禪修有

第二部分，如果你不介意，我可以試著敘述給你聽，雖然我自己也不是瞭解得很清楚。」

我兀自微笑，點點頭。

「今晚我們整個的修持法門，稱爲『施受法』。事實上修法時，我們是先領受，再布施出去。如你所見，我們首先是領受自己的痛苦，藉此練習去領受別人的痛苦。記住這痛苦可能是傷害別人的任何一件事，從發生在廣大惡道裡的暴行——超越我們的眼界所見——一直往上到最後一刻的疑，就是在偉大的聖者心中，知識變成絕對眞理的最後那一刻。

「如同我即將要教導你的，我們所布施的是全然的快樂，布施我們所能給出的每一樣東西，布施我們所擁有的任何東西。想一想母親們的作爲，你就會很容易看到爲什麼要先領受，因爲如果孩子正處在生命交關、極度痛苦的疾病中，給孩子小糖果或玩具，就毫無意義了。

「現在我們要做布施的部分，」他說，就像孩子要玩最喜愛的遊戲一般，從椅子上彈跳起來，「將你自己準備好禪修。」

我照做了，如同以前一般。

「再度把你的心轉向呼吸，息出、息入，再吸一口氣。」

爲了把焦點往內專注在自己身上，我按照他教導的方法，很自動就做到了。

「現在觀想你所有的善行，你所有的身口意妙行，你曾經學習到的所有教法，以及所有在心中造就你未來幸福的習氣，把所有這一切觀想成閃耀在你心中的一道純淨白光。

「下一步，觀想某位你認識的人——你所珍愛的人是最容易開始的對象——思考他們最想擁有什麼，某種東西或某種關係，或其他任何東西。」

我想了一會兒，有些猶豫。我第一個直覺是想送「她」某種東西，但是經過思惟之後，我無法觀想「她」需要什麼。因爲在我心中，我覺得當我看到「她」的眼神，眼瞼半閉，似乎永遠沈浸在喜樂中，「她」彷彿圓滿具足，不再需要什麼。這也是我猜想為什麼無著大師，在這個禪觀法門中，不管施或受，不將焦點專注在諸佛菩薩上，因為他們沒有什麼痛苦可以讓我們取受，也不需要任何東西可以讓我們施予。此時我突然浮現一個想法，也許我可以供養他們我非常稀少的良善思想及我所得到的領悟，就像孩子驕傲的把小小畫作呈獻給父母一樣；因為我知道，不管我選擇送他們什麼，他們都會看到，並且把它當作一件全然的喜樂。

所以我把焦點定在我的母親，並觀想我可以送她一盞大燈籠，一盞神秘的燈籠，指點她一條路，讓她從死後的恐怖世界中解脫出來。當她手中提著這盞燈時，就能引導她進入聖「道」，就像一匹良馬，即使在太陽下山黑暗籠罩世界時，仍然知道回家的路。

「現在觀照你的呼吸，專注在其中的出息上。順便提醒你，在這種法門中，不要摒息或控制呼吸：必須自然呼吸，不要干預。在其中一次出息，或多次出息中（如果你覺得比較舒服的話），從你的心中送出一條細長白色光束，乘坐在呼氣上。

「觀想向外呼氣，氣息流入世界，或整個銀河系，向外尋找你的母親，不論此刻她在何處。在光束的尖端，觀想你神奇的燈籠，讓燈籠變得無限大，因爲念頭的明光是遍照無礙的，它們可以到達宇宙最遠的角落，送去任何東西，小自一滴水，大到汪洋大海。

「觀想光束到達她身邊。

「觀想她驚訝的往下看，看見白光降臨她身上。

「觀想她知道光來自於你，她的兒子，並觀想她心中充滿白光般純潔的喜樂。

「觀想她進入白光，提取燈籠。

「如同我們所說的，觀想燈籠已經開始引導她進入更大的『光』中。」

無著大師的話，喚起我的痛苦記憶，同時突如其來的希望也讓我雀躍不已，「這可能嗎？」我熱切的問：「她眞的能看見了嗎？光眞的觸及她了嗎？」

他非常慈悲的看著我，眼睛閃爍著光芒，靜靜的說：「仔細聽著，我為你帶來陣陣喜悅，不過不是你預期得到的那種。首先我要問你幾個簡單的問題，你相信諸佛菩薩的存在嗎？」

「相信，」我說，「也許我看不到他們，但更重要的是我瞭解他們如何存在，我甚至也可能成佛。此外我有一種直覺——雖然我得承認我們必須審慎看待直覺，而只有智慧才是可信的——諸佛菩薩是一定存在的，我一生都有這種直覺，我整個人也相信這種直覺。」

「你想像得到，」他說，「佛能覺知凡夫眾生的苦嗎？」

「當然，因為他們知道一切事，我們的痛苦只不過是其中之一。」

「你相信諸佛菩薩是慈悲的嗎？當他們看到我們有人受苦時，他們會關心嗎？」

「當然他們會關心，他們比我們自己更關心我們的痛苦。」

「所以如果有任何方法可以讓我們脫離痛苦，比如說修持施受法，你不認為他們

9 慈悲

久遠以來就這樣做了嗎？」

我靜靜的坐著，對這種想法感到震驚。

「所以難道我們不能說：我們現在受苦，證明無法單靠某一個人希望拔除痛苦，就確實可以拔除我們的痛苦，不管那人是自己或宇宙中的任何生命？」

我默認了無著大師話中的眞理。

「所以這有什麼用？」我大叫，「禪修或做任何其他事有什麼用？如果無法眞正解除痛苦，給予安樂，那麼我們爲什麼要試呢？」

他冷靜的凝視著我，「我問你，」他靜靜的說，「爲什麼在今晚稍早前，你和我開始做這個禪修呢？」

「我問你是否有學習慈悲的方法？是否有方法可以學習愛人如己？」

「你了解爲什麼你的心、眾生的心，如此渴求這慈悲聖水嗎？你瞭解爲什麼你如此熱切渴望擁有這種能力，平等慈愛眾生的能力嗎？」

「我無法形容，我只是感覺它是眞理，我想我們都感覺到它是眞理。」

「眞正的理由，」他誠摯的回答，「是我們可以用這種愛做所有的事情，成就一切願望。我們的心性瞭解這個事實，雖然我們軟弱得無法承擔。簡單的說，慈悲可以將你轉變爲『精神戰士』。它是唯一可以驅使你圓滿人生的發心，對我們身邊那些需要的人給予絕對的、毫無疑問的服務。」

「所以，其實這種禪修並不能眞正利益我的母親或任何人。」我若有所思的說，幾乎沒有聽到他的話。

無著大師使勁的抓住我的肩膀，他第一次對我顯現出這種力量，他的身心具有不可抗拒的力量，他強而有力的搖動我說：「看著我的眼睛！現在！」

我看了。

「想！」

我試著，我累了，開始失去重心。

9 慈悲

「禪修如果只是起念要消除芸芸眾生的痛苦，並滿足他們的一切願望，小自人生苦海中的微細之樂，大至全然覺悟的極樂，那麼禪修必然會有什麼結果呢？」透過他鋼鐵般的手臂所流出的力道，我想得更清晰了。「就像所有的念頭一樣，」我開始吞吞吐吐的說，「它將會在我心中植入種子或習氣。但是我既想像不出一個更純淨的動機，也想像不出涵蓋面更廣的念頭，因爲我們會希望不僅自己或少數所愛的人得到究竟安樂，而且希望整個宇宙的眾生都得到究竟安樂。」

然後，曙光乍現。「如果我必須選擇一個可以在未來創造圓滿世界的行動，如果我必須選擇一件可以在我心中留下習氣的事情，讓我看見世界上的每一個細節和每一個人都是像純淨的光和純淨的喜樂一般圓滿，那將會是我們今晚正在修持的禪修。」

他點頭，繼續凝視我的臉，等待我繼續說。

「但是如果我只爲自己創造一個完美的世界，而我的母親卻看不到，有什麼好處呢？一座完美的花園，如果只大到容納一個自私的人，那又有什麼好處呢？」

「現在聽著，」他再度命令我：「邏輯告訴你什麼？你的心能夠爲你的問題找到什麼答案？想一想！這就是爲什麼你會來這裡？這就是爲什麼『花園』會存在？這就是爲什麼你已經看見我們，並與我們交談，與我交談。

「當你的母親病了，當癌細胞開始啃噬她的胸，然後轉移到手臂、腹部，最後伸出魔爪進入心臟，流出鮮紅的血，瀰漫了整個房間的地板，有任何人能揮揮手就治好她的病嗎？」

「不，沒有人能治好，不只是她的病治不好，任何人都不免一死。」

「那麼，引發她生病的原因是什麼呢？」

「根據我們所討論過的，那是因爲她在過去某一個時間沒有尊重生命。」

「爲什麼她沒有尊重生命呢？」

「哦！因爲她和我們一樣，和所有人類一樣，終其一生都活在可怕的痛苦中，不知何時是盡頭，既不知死後痛苦仍然繼續存在，甚至常常當他們受苦時，也不瞭解他們在受苦，仍然像綿羊一樣走向屠夫。事實上，就像綿羊拿刀割自己的喉嚨——我們之所以痛苦，是因爲我們帶給別人痛苦，而我們又完全不知道這就是帶給我們痛苦的原因。最後，爲了保護我們自以爲是的利益，我們就以牙還牙，因此確定未來也會自食惡果。」

「你如何來這裡認識這個眞理呢？」他簡單的說。

「這是慈悲心，」我說，眼淚奪眶而出，「這是你的慈悲心，來此『花園』的諸大師們的慈悲心，指點我所有痛苦的眞正根源，是我們對別人做了令他們痛苦的事。」

「我們爲什麼必須指點你呢？我們爲什麼必須說出來，敘述它、規勸你，讓你思考，帶領你眞正瞭解呢？我們難道不能只是把我們所知道的拿出來，不可思議的放入你心中，不用花這麼多時間，由衷的與你討論和思惟嗎？」

「不，我認爲這是不可能的。」

「爲什麼不可能？」

「如果你愛我，很久以前你早就這麼做了；因爲你讓我明白了，我已經知道一切，我也就不必來這個『花園』了。」

「你認爲我們都是無師自通的嗎？或者就像你自己一樣，過去我們也不瞭解什麼是『佛道』，然後就那麼有福報遇見心靈導師嗎？」

「我認爲你們在過去也是像我一樣，然後你們遇到心靈導師，瞭解他們的教法，最後終於達到終極目標。」

「我們現在已經談到了重點。我要求你想像一個沒有心靈導師的世界，把這個『花園』想像成空無一物的黑暗地方，並沒有『她』慈悲允許你進入這個神聖花園時所見到的光。」

這個觀想讓我痛苦，我猛搖頭，把他放在我肩上的手推回去。

「所以我問你：什麼是最好的、唯一能幫助你母親的方法？你認爲是送她房子住？送她床鋪睡？供養她麵包或水果吃嗎？你認爲這對她在目前所處的地方有幫助嗎？你認爲這是她所需要的嗎？你難道不也非常清楚知道她在這個世界的短暫居留期間，一輩子都有房子住，有床睡覺，有堆積如山的東西吃嗎？這些東西能阻止癌症嗎？」

「不，不。」我哽咽的說。

「所以你會利用你心中的白光送她什麼呢？」

「光，一盞燈，一盞特別的燈，指引她前往沒有痛苦的地方，讓她了解你教導我的法門。」

「誰可以成爲她的明燈呢？誰能夠眞正教導她徹頭徹尾的完整『佛道』呢？誰能夠看到她整個過去、整個未來和整個心呢？誰能夠正確知道她所需要的知識，指引她向上提升的方法呢？」

「只有佛！」我大吼著說。

「佛是怎麼形成的呢？」他詰問。

「創造萬物的同樣東西：身、口、意三業——但是要成佛，必須三業清淨，必須在心中植入成佛的種子。」我急切的說。

「什麼禪修會植入最完美的種子呢？」他詰問。

「我想，沒有比你剛才教我的禪修更圓滿的了，」我回答，內心冷靜下來，「因爲這是通往慈悲的修行，慈悲是愛人如己，甚至比我們愛自己還愛別人。」

「所以現在請你告訴我，」他說，放掉我的肩膀，靜靜往下看，「你能夠僅僅以禪修的力量，帶走你母親的痛苦，滿她的願，完成她究竟的希求——極樂與淨土嗎？」

「如果那個禪修讓我成佛，讓我能夠去她那裡教她這圓滿的『佛道』，那麼，」我說，突然感到全然的喜悅，「我就辦得到。」

「那麼就送她白光吧！」無著大師從椅子上站起來說，「送她燈，成爲那盞燈！送水給那些口渴的眾生，成爲他們的一杯水！送一個人陪伴寂寞的人，成爲他們的陪伴者！對需要愛人的人，成爲他們的愛人！對渴望孩子的人，成爲他們的孩子！對希望坐下來休息的人，成爲他們的樹！對尋找美的人，成爲他們的玫瑰！對尋求幸福的眾生，成爲幸福的工具！以你的出息，在白光中送出每一樣東西。

「我們的呼吸與靈性相應，也反映靈性的健康。同時靈性受呼吸影響，當心淨化時，呼吸和靈性就圓滿了。你會因此發現，當呼吸攜帶著光時，會以我現在無法向你揭露的方式來影響你。

「虔誠的修持施受法！你會發現眞正的慈悲，但是你一定要認眞修持；一整天你都要對自己輕聲說『施與受』；讓它不斷的在你心裡根植，在你的唇間出現，就像呼吸一樣綿綿不絕。你隨時隨地皆可修，在市集裡，當你用餐時，當你工作時，當你躺下來準備睡覺時。我告訴你，它將帶領你去你的樂園，去你自己的花園，這是你必須先去的地方，如果你希望找到你珍貴的母親並協助她。

「現在，我兒，」他彎下身，伸出他的手。「吃完我爲你做的餅。」

10

戰　士

與無著大師的相會，也許是到目前爲止，對我的日常生活影響最大的會面。令我非常驚訝的是，我發現在這之前，我竟然毫不關心自己可以清楚預料到近期的遭遇，更不用說無可避免的老病死苦了。換句話說，慈悲觀旨在斷除我未來的苦，卻也揭露了我浪費多少生命在否認無可避免的人生過程。我與身邊的人顯然已經麻木不仁，沒有覺察日常活動大多是毫無意義的。

當我感覺心力夠強時，我開始觀想親友的微小痛苦，因而獲得另一種領悟——我從來就不曾眞正關心他們的痛苦。當然我知道在談話中問候對方的健康及他們的親人，這是一種禮貌。一般都會得到回應，尤其是老人家會滔滔不絕的描述各種病痛，也會不厭其煩的談談兒孫。但是我想我們大部分人只是聽聽而已：我猜想我們幾乎不會眞正感興趣，因爲只要我們和親友的健康情形還過得去，老人家的抱怨似乎也不過是那樣罷了。

但是現在我領略到在短短幾年內，自己將無可避免的也會坐著對小輩訴說病痛，他們也會跟我忽略別人一樣，忽略我的抱怨。我想，我們爲什麼會忽略別人的痛苦，眞正原因可能是大家都默認身體必然會退化，死後又繼續輪迴，誰也幫不了忙。

我領悟到在做施受法的禪修時，應該在心中清楚觀想，我正在吸進自己或他人的痛苦。觀想這些痛苦，就這麼簡單的動作，立即使我變得更加敏銳。我自傲的看見，如果我繼續每日規律的禪修，就會開展我所崇敬的聖者所證得的慈悲心。我可以愛人如己的這種想法，尤其使我感到甜蜜有力。

此外，根據我在「花園」裡所學到的殊勝心法教授（心是創造我們世界及生命的力量），我眞正瞭解到，如果我對身邊人，事實上對我可以觀想得到的所有眾生，發眞誠心希望他們遠離痛苦，並不斷觀想滿足他們的最大願望及終極快樂（從逐漸老死的這個世界出離，來到一個不再有老死的世界），我就有信心找到母親並引導她也到那裡去。

我照著無著大師的建議，把一整天修持施受法當作我生命的功課。沒有人知道我修得如何，我持續的練習施受法，發現一個奇特的樂趣，比如希望我的老仇敵圖書館管理人心想事成。好幾個月後，我開始發覺自己把空想付諸行動，在炎熱的午後，當熾熱的太陽光蒸烤莊園時，我會從外面的井汲取一杯清涼的水，送給圖書館管理人，或在一起工作時想辦法取悅他，而不是阻擾他。

無可避免的，他以相同的仁慈行動回應我，我好奇爲什麼我一開始不這樣對待他？是什麼原因讓我不明白：最健康、最聖潔的人際相處之道，是想到他人的需求，盡力滿足他們？

我在晚課及反省中了解：施受法除了對我的生命影響甚深之外，實際上已經使我的周遭世界充滿喜悅。

物換星移，我持續想念母親，也很想再遇見「金髮女孩」。很奇怪的，這種情緒一直縈繞在我的腦際，雖然我的修行確有進步，卻反而變得更強烈了。我直覺認爲我一定可以透過某種方法，把施受法的禪觀落實在日常生活中。因此我又走進「花園」，此時正值仲秋，除了晚間逐漸轉涼外，在沙漠中與早秋或甚至夏季的氣候，並沒有多大差別。

一如往常的習慣，我在深夜進了大門，這不僅是因爲我需要長途搭車進城，而且因爲這是「她」與我最喜愛的時段，因爲造訪「花園」及隔壁石造教堂的其他遊客早已回家用餐了。「她」是如此的純眞無邪，常常沒有注意「她的」衣服是否蓋住身體，「她的」模樣誠懇純樸，所以很少人會誤解「她」的自在爲舉止不雅。無論如何，「她」給我的教導都是私下一對一的；因此，當我看見一位比丘站在我面前的佳樂樹下時，我領悟到自從「她」和我來過這裡之後，就再也沒有其他人出現了。

當我接近時，他站著坦率的看著我，道路左側是可愛的沙漠玫瑰，右側是矮小芳香的李子樹，我一面走路，一面仔細打量著他。首先映入眼簾的，就是他的身材：高大壯碩，不胖也不瘦，但是容光煥發，流露出某種不同的健康特質——健壯。當我靠近他時，我看見了他的迷人丰采，那就是滿足喜悅的表情，開朗而不羞赧的微笑——

不是那種讓人覺得爲什麼能夠瞬間笑得如此開懷，彷彿無視於襯衫前面有一個污漬往下暈開的微笑，而是那種立即讓人想要回報的微笑。我確實也對他微笑，他更是笑逐顏開。

我怎麼可能認不出他就是偉大的寂天菩薩呢？他是一千三百年前教導慈悲行的大師，留給我們圓滿生命的無上指南。我還來不及想到會在這裡奇蹟般的遇見他，他就已經從樹那邊向我走來，伸出手臂抱著我，帶我走到景色宜人的地方。泉水淙淙，順著東牆流過盛開的沙漠繁花；花兒濃妝豔抹，每天都披上亮麗的紫色及橙色。在沙漠中，這是很難得一見的景色，因爲雷雨稀少，只有在下雨時，才會有花開，而且只開幾個鐘頭。

「我瞭解你的挫折感，」他以深沈、快樂的男低音呢喃，露出同情的眼色，像一盞明燈般對我微笑，溫馨盈溢。「老是計畫要去旅行，卻從沒有成行，又有什麼用呢？」

我已經習慣了來自「花園」中的上師們突如其來的話語，我已經變得會期望他們瞭解我的想法，而且我知道他們盡管證量高超，只要他們開口說話，不管是隱喻或直敘都很精采。我的意思是說，我知道寂天菩薩明白我希望藉著學習某種法門，以便把我剛開始萌芽的慈悲心付諸行動；我急著要找到母親並幫助她，也迫切想解開「花園女郎」的神秘。

他突然停了下來，緊握住我的手臂，我們彷彿兩名士兵約定要患難與共、面對死亡。「你已經找到心了，」他簡單的說，「現在就要當『戰士』。」

他的話和突如其來的動作，使我毫無防備，登時慌了手腳，因爲在我生命中，不曾想過把「戰士」這個詞應用到自己身上。「對不起，請問？」我說，有點膽怯。

「做一名『戰士』，」他有力的說，「終極戰士。做一個殺害死亡的『戰士』；你自己的死，以及他人的死。」

我在花園中的學習，讓我瞭解到寂天大師不是在開玩笑，或是說大話。我沈默的站著，準備聆聽他所說的話。

「『戰士』，」他開始，「以六種不同方式行動；也就是說為了他自己，他實踐六波羅蜜。」

「請教我這些波羅蜜。」我簡單的回答。

「波羅蜜是使你獲得圓滿的行為；在真正圓滿的那一天，你就成佛了，可以真正止息別人的痛苦，並找到你自己絕對的寧靜。

「首先，我們要修布施波羅蜜。『戰士』布施他所有的一切：布施他的必需品，布施他所有的善行，甚至布施他自己的身體。」

我的心想到布施。「我的確有布施，」我說，「我可以誠實的說，我經常把我所擁有的東西，布施給我身邊的人，當他們需要的時候。」

「擁有嗎？」他說，彷彿他不認識這個詞。

「擁有，占有。我擁有的東西，我的財產。」

寂天大師咯咯的笑著。「你擁有什麼呢？」他問。

「我的東西，」我回答，「像我的外套、我的書、我的床、我的房間、我的馬。」

「外套？」他天真的問。

「是的，我的外套，天冷時我穿的外套。」

「你擁有你的外套嗎？」他繼續。

「當然，」我回答，有點不耐煩，「如果不是我的，是誰的？」

「的確，」他深思的說，「你是如何擁有你的外套呢？」

「我擁有外套，它是我所有的，無論何時我要穿就可以穿，不是別人的。」

「穿？」他又嘲弄的重複一遍，「只要你有需要，就可以穿嗎？只要你希望，你確定可以保有和穿上它嗎？」

「當然。」我重複。

「所以你可以說，」他堅持，「這外套明天確定還會與你同在嗎？你可以完全控制這外套嗎？」

我停下來思考一會兒。擁有的意思是控制；我擁有我的外套，因爲我控制它，意思是我可以保有它或把它送出去，除了我之外，沒有人可以做這個決定。但是我可以這麼肯定的說，我明天仍保有這外套嗎？

我誠實的思考，眞理有力的敲醒我：「我無法說明天我的外套仍與我同在。外套可能被人奪取，或是被偷走。當我經過鐵門時，外套可能會被鉤破，可能在回家的路上，因爲某些因素而弄壞。它甚至可能，」我想得更深入一點，「失去它的主人。所有的外套都有這些性質：變舊、穿破、破裂，從我們身邊被拿走，或是當我們死亡時，我們從它身邊被帶走，其他人拿起外套，試穿是否合身，外套就找到新主人了。」

「所以實際上，」他靜靜的說，「你無法控制外套，有其他力量控制外套，外套來到你身邊，又從你身邊離開。」

我沈默的點點頭。

「事實上，你不只無法擁有外套，你甚至無法擁有你的皮膚、臉或名字，它們來到你身上，又從你身上離開，不管你是否要保有它們。」

我又點頭。

「這就是爲什麼，」上師繼續，「我提到布施你使用的東西，因爲你只是任何東西的使用者，暫時的使用者，不是擁有者。當你仍然有能力布施時，就要布施，現在就布施，因爲每樣東西很快就會從你身邊被拿走。」

「要布施什麼？」我問：「如果我是『戰士』，我要如何布施呢？」

「從物質的東西開始，」他回答：「以人們的立場，仔細觀察他們；看著他們的眼睛，瞭解他們在追尋什麼。從簡單的東西開始——一杯茶、一雙手套，甚至送出一小塊麵包給小鳥。」

我自忖餵小鳥似乎不需要有力量的「戰士」來做；但幾乎是在這個念頭生起前，他鬆掉抓我的手，握緊拳頭，幾近威脅的對著我伸出食指，強壯的肌肉如漣漪一般，由手腕延伸到肩膀的袈裟覆蓋處，「只有『戰士』，」他熱切的說，「可以完美的餵鳥。」

我茫然的看著他。

「只有『戰士』，」他重複，「可以看著鳥，眞正瞭解鳥的本質，以及餵鳥的本質。只有『戰士』會瞭解，充分瞭解，布施一片麵包給鳥吃，可以是布施波羅蜜，這是處處能讓一切眾生完全圓滿的布施。『戰士』的布施波羅蜜，是在布施時念念分明，任何人只要行布施波羅蜜，就可以創造超越死亡及痛苦的極樂淨土。」

「我們如何圓滿布施呢？」我問。

「當我們在布施時，如果能夠念念分明我們是爲了圓滿自己而布施，就可以令其他眾生也圓滿，如此就在我們心中植入圓滿的種子。」

「所以，如果心是善淨的，布施就是波羅蜜嗎？」我問。

「正是如此。」他回答。

這個觀念使我有些困惑。「只要我們以善淨心行布施，布施什麼並不重要嗎？」

「如果你以善淨心行布施，」他糾正我，「自然你就會布施最好的東西；你就會隨時盡一切可能布施對別人最有幫助、別人最渴望的東西。戰士之所以爲『戰士』，不僅是因爲他隨時準備貢獻他的生命，而且是當布施時機來臨時，他會捨生做任何事。」

「所以，我們必須布施所有的東西嗎？」我問。

「是的，但是必須有智慧。布施如果超過我們的能力，事後又後悔，這是非常大的錯誤，所以我們必須盡自己的能力布施，或許比我們所想的多一點，但要歡喜布施。從小的布施開始，穩定的增長，最後你就能布施所有的東西，因爲有捨才有得，然後眞正布施一切給所有需要的人。」

「我們只布施東西嗎？」我又問。

「你幾乎不需要問這個問題，因爲你自己知道你在這個神聖的『花園』所收到的禮物是最好的：瞭解集諦（有情眾生和器世間的生起原因）和道諦（轉苦爲樂，而非轉樂爲苦）。」

然後他抓住我的手臂，彷彿要引導我走過「花園」的黑暗角落，走到月光照亮東牆、泉水滋養花兒的地方。剛要跨出第一步，他就突然放開我的手肘，把我往右推。我差點跌倒，站穩腳跟，感到有些困惑。他彎下強壯的身軀，一張橢圓形的大臉，露出睿智的眼神凝視著草地。他伸手向下，捧起一隻可愛的紅色瓢蟲，瓢蟲在他的無名指尖上轉個身，然後展翅，飛翔。

「有，」他笑著，站起來看著我，「有第三種布施，就是無畏施。你差一點就踩到地上的小朋友了。」

我靜靜站著，往下看著我腳邊的草，因爲他的話提醒我一個在我心中沙沙作響有一段時間的念頭。「但如果我踩到的話……」我開始。

「是？」他身體稍微挺直，以一個多年馳騁在思想戰場上的辯論者的直覺說。

「我不可能會傷害牠的，除非牠心中有某一種強迫自己看到自己被傷害的習氣，一個種植在瓢蟲心中的習氣，事實上這是牠在過去傷害某人所種下的。」

「正是如此。」他信心十足的說，像一位已經知道對手下三個動作的劍客。

「如果瓢蟲心中沒有這種習氣，那麼我就不可能傷害牠；雖然我靠近牠，但不會踩到，會毫髮無傷的飛走。」

「這也正確。」他以無懼的口吻說。

「所以眞正說來，」我繼續，「你根本沒有布施給瓢蟲，根本沒有保護牠，沒有一件是仰賴你的行動，你沒有理由把我推開：每件事都是依賴於心中已有的習氣。」

「更仔細思考一下，」寂天大師回答，聽起來像是在傳達一個警告。「你已竭盡所能去解救一個生命，與你修布施波羅蜜，卻完全沒有用眞正的力量去解救生命，兩者有矛盾嗎？」

「確實有矛盾，完全矛盾，」我立即反駁，「這是徒勞無益的舉動。」

「所以，你的意思是說，」他繼續，「根本沒有諸佛，沒有人能達到圓滿嗎？」

「我看不出這是如何推論出來的。」我迅速反駁，因爲這個問題似乎不像需要仔細回答。

「因爲根據你的想法，」他脫口而出，又像一個幾分鐘前預先計畫好出擊的劍客，

「諸佛絕對不可能圓滿布施波羅蜜。」

「當然他們已經圓滿，」我回答：「你自己說的，他們有能力圓滿布施等六波羅蜜，因此稱爲佛。」

「但他們未圓滿布施。」他堅持。

「你在說什麼？」

「根據你的說法，他們沒有圓滿布施波羅蜜，因爲世間仍然有貧窮的人、匱乏的人。如果仍然有人迫切需要別人的布施時，他們的布施怎麼可能圓滿呢？」

聽了他的質問，我輕率的話頓然停住。我開始思考，醒悟過來，德行的圓滿不在於德行所達成的外在結果，而在於德行的內在圓滿，加上圓滿的表現方式。我的意思是說，即使我學會布施波羅蜜，並不表示可以去除每一個眾生的貧窮，因爲任何一位眾生所經歷的貧苦，都是他們自己缺乏布施的直接果報，除非他們學會布施，否則永遠不會改變。同樣的，我可以在內心圓滿布施的態度——我可以學習布施我的一切，學習把它布施給一切生命。但同時，這並不表示我只是坐著想像布施而沒有實際行動，因爲布施的動機如果沒有呈現在每一個行爲與思想中，布施的動機就不算圓滿。所以我只對寂天大師說：「我瞭解，我現在瞭解了。」

「記住，」他說，我們繼續穿過「花園」。「所有波羅蜜都是眞理，這是『戰士』的道路。」我們靜靜的走了幾分鐘，我思惟著這個事實：我越明白，就越能寧靜；寧靜本身就是滿足的反應，這是眞正的滿足，是一種從我身邊的上師所散發出來的溫馨情緒。我們沈默了一段時間，然後我問他「戰士」的下一個波羅蜜。

「『戰士』的第二條道路，」他以深沈的聲音若有所思的說，「是持戒波羅蜜：完全合乎倫理的生活，過著避免傷害其他眾生的生活。」

「你的意思，」我問：「是指避免十惡業嗎？」

「是的，」他回答：「當你更進一步成長時，你必須學習精通更深、更高的生活法則——你必須每日學習什麼是善行、什麼是惡行。」

「還有什麼其他的生活法則嗎？」我問。

「你已經知道十個法則，我知道你已經受了盡形壽的五戒。當你因緣成熟時，你必須進一步發出離心，過著一無所有的生活，除了發心修行之外，什麼都沒有，沒有房子、沒有家人同住、沒有財產。

「當你堅定了出離心，你必須承擔『戰士』的全部法則，一種希求成佛的生活方式。你不是以一個孤立的陌生人在不知名的島上生活，而是以一個『戰士』、一個騎士的身分，一生遊化世間，彷彿穿越濃密森林，不斷尋求需要你幫助的人、你可以幫助的人、你可以服務的人，以任何方式利益眾生，從最小的幫助到最好的靈性禮物。

「還有更高的法則，這是你此生必須遵守的，但你只能以現在無法想像的方式跟『另一個人』，『一個』與你有緣的人學習。接受這個生活法則，你必須對別人難能愛，難行能行。」

此刻明月高掛，在泉水的遙遠對岸，即使在夜裡，石縫中的矮仙人掌小紅花仍然清晰可見。我們一起寧靜的站在水邊，往下看，我感覺到一種深沈的祥和，我的心隨著涓涓水滴聲，流入又流開，彷彿平靜無波的海面底下有水流動。然後寂天大師又推了我一下，但是這一次我完全失去平衡，掉入水中，撲向對面，石縫中的刺劃破我的手。我咒罵著轉身站起來，看見他躺在草坪上，仰望星星，從丹田發出低沈的笑聲，劃破寧靜的夜晚。如此不期而遇的人，做出如此想像不到的事，讓我深感受傷，一片混亂，惱羞成怒。我瞪著他，動也不動，眼神要求他解釋。

「『戰士』的第三條道路，」他低沈的說，「第三個波羅密就是忍辱波羅蜜：學習在怒火開始燃燒時，不生氣的法門。也許這是最難修持的法門，它比許多長時間禪修及容易感動人們的類似法門，還需要更大的技巧。」

「我想我早已瞭解這點，」我冷冷的說，「即使你並沒有弄斷我的腿。」

「這裡我要教你兩件事，」上師說，彷彿沒聽見我的話。「但是先坐到這棕櫚葉上，晾乾衣服。現在把你那雙濕透的鞋遞給我。」

我坐在泉水旁，脫掉我的鞋子，遞給寂天菩薩。他拿了鞋子，走到不遠處海棗樹下的泛黃葉子上；他轉身，慢慢坐下來等我。我站起來走向他，然後痛得停下來，因爲他引領我光著腳走過荊棘叢。

他促狹的微笑注視著我，繼續說，彷彿完全沒注意到我的困境。「第一課就是此時，你一定已經注意到在你的生命中，痛苦的情境隨時會降臨到你身上。令你煩惱的事情、使你生氣的人、考驗你耐性的情境比比皆是，圍繞在你身邊，它們將在你最預想不到的時刻，從你最預料不到的人和事上打擊你。」

我正在想辦法走過荊棘，幾乎沒有聽到他的話，我已經走進了荊棘叢，想掉回頭已經太遠，走到他坐的地方又有一點遠，進退失據。我靜靜的站著，等了一會兒，他兀自不動。

「你不喜歡的人眞是不可勝數，使你煩惱的情境也是層出不窮。如果你擺脫了圖書管理人，相信我，在一個星期內，還是有另外的人來考驗你的耐性。記住，他們是你心中的習氣所產生的：擺脫一個，還有另一個冒出來。爲了逃避壞伙伴而離開某一人，爲了逃避不想要的情境而搬家，或爲了逃避不喜歡的同事而辭職；但是在短時間內，又會有你討厭的人事出現。」

他的喋喋不休讓我受不了，我全身濕透，腳底抽痛，他仍然沒有抬頭注意我！

「你說的也許對，」我說，「但我眞的相信我的人生會更快樂，如果我能夠避開一、兩個人，比如圖書館管理人；如果我有更多的收入，我就可以改善我的房間。」

「馬呢？」他問。

「哦！是的，馬也要改善，一隻更馴服的馬，早上當我已經起晚了，試著要牠準備啓程，牠總是令我頭痛得很。」我回答，想要從荊棘叢轉到左邊，但發現那裡的刺更乾、更尖銳。我簡直無法相信，他居然不幫忙我。

「回家的路呢？」

「你說得對，我忘記了。回家路上，有一半的時間塵土飛揚，有三分之一的路顛簸不平。一整天應付圖書館管理人，已經讓我筋疲力竭，還要走這種路，眞是相當令人苦惱。」我試著清理一隻腳下的地面，然後用膝蓋跪在地面，抬起另一隻腳，拔出腳跟及其他支撐我重量部位的刺。我幾乎認定寂天不但全然覺知我的問題，還故意要傷害我。我往後看著泉水想離開，如果我能走回那麼遠的話。

「你忘了你一直想讀的那本筆記簿嗎？」

我不顧一切，重重的用力把腳踩下。「那本筆記！誰能寫出那種東西呢？在如此重要的主題上！我簡直無法相信沒有人把這本筆記寫得更用心一些！」一想到這裡，我就完全失掉耐性了。「難道不能請你起來幫我忙嗎？」我詰問。

他一骨碌就站了起來，跳過我們之間的空地；他的確又高又壯，當時所有力量全部集中在我身上。

「你在做什麼？」他吼著。

「我試著沒有你的幫助，走過這一片荊棘！」我對他發出噓聲。

「不！不是那個。你心裡在想什麼？」他詰問。

「還用說！我正在想如何擺脫這些荊棘。」我頂了回去。

「不是那個！我是指你知道你想到哪裡去了嗎？」

我停下來回答，「我們在想我生命中的一些問題，正在想一些重要的事情……如果我可以改變這些，我就會更快樂。」

「難道你從來沒想過要把日常生活的細節逐一列出嗎？你沒有注意到生命中的每一個面向都會令你煩惱、混亂或激怒嗎？」

我又停下來，再度瞭解他是對的。即使我消除了你所謂的第一層問題，我生命中最會激怒我的問題，背後仍有另一層問題，接著還有一層問題。它是無止境的，我覺知到潛意識中的問題，不在生命的本質充滿困境，而在凡事抱怨的心態。

他站在我面前點點頭，彷彿知道我當時的體悟。然後跪在荊棘裡，抬起我的赤腳，放在他的膝蓋上，以全然的專注與關愛，拔掉腳上的每一根尖刺。這一切都在靜默中完成，如此自然，讓我沒有時間思惟這是多麼奇怪的事，一位人類史上最偉大的人物，居然跪在我面前的荊棘叢中，宛如母親般愛護我的傷口。他的手輕觸我褲腳，我注意到褲子已經乾了，變得柔軟乾爽。他用手握住我的腳，讓我頓時感到無比溫馨，生機蓬勃。他替我的腳穿上靴子，靴子也完全柔軟乾爽了。他站起來，溫和的說：「現在走到樹那邊去，與我坐一會兒。如果我引起你任何的痛苦，我很抱歉，但是我要你記住這些刺、你曾經濕透及突然跌倒。

「你對世界的想法是傻子的想法，不是『戰士』的想法。不要把每天都看成障礙重重，充滿令你不愉快的人事物。你無法全部打敗它們，你無法對抗每一個激怒你的人，無法擺脫他們，就像你無法搬開從你家到圖書館路上的每一塊石頭。

「你的潛意識認爲只要去除最壞的幾件事情，你的生命就會變得更好，這是無止境的陷阱。如果你繼續保有這種念頭，一定會繼續讓你不快樂，因爲這種夢想是絕對無法實現的。你只要稍做思考，必然會承認我所言不虛。你的世界，至少你現在的世界，就像這荊棘叢，沒有任何希望可以把它變成柔軟草地的溫床。

「設想有一種傻子，赤腳在這『花園』到處亂跑，背後拖著一張張巨大的皮革，把皮革覆蓋在荊棘上、石頭上或塵土上，覆蓋這一整片地方。現在往下看，注意你自己的腳，只是簡單的穿著靴子，就很容易踩過荊棘，帶你到那邊令人愉快的棕櫚樹下。你無法對抗世界上每一個不愉快的人事物，就好像你不能夠以皮革覆蓋整個地球；最好穿上鞋子、最好學習打敗瞋恨心的微妙法門，最好學習平等心。」

他拉著我坐到乾燥的棕櫚葉上，晚風習習，令人心曠神怡。沒多久，我心中突然閃起一個問題。「但是經常，」我說，「公開表達我們的憤怒、發洩我們的怨氣，會讓我們感覺較好，有釋放的快感。」

他發出低沈的笑聲，凝視我的臉。「當然誠實有好處，當有人傷害我們或別人時，可以用誠懇而適當的方式告訴他，如果我們有信心這有助於改善情境的話。但是把憤怒的任何身語意業當成是善，這種觀念……」他又喀喀的笑著。「我猜想你是會相信的，如果你完全不瞭解習氣是如何熏習內心，或可憐到不瞭解憤怒多麼具有殺傷力的話。

「這帶回到我希望以荊棘來教導你的第二課，你不但一定要學習穿鞋子，而且必須學習看到憤怒的殺傷力。就在你身陷荊棘叢中準備不理我、不聽我時，差一點就讓今晚我們曾經共度的美好時光付之東流，全都是因爲你感覺有點不舒服。

「我要你記住這一點；我要你記住幾分鐘前，你是如何準備走出這裡；在未來與聖者漫步園中的夜晚，我要你回想如何因爲腳上的刺和濕的褲子，對寂天憤怒的那剎那，幾乎錯過人生最好的禮物。你不該憤怒，即使只是一剎那，因爲那一剎那，就可能摧毀你已經建立起來的功德。」

他坐在柔軟的葉子上，我坐在他身邊，無意識的深深嘆了一口氣，因爲我覺知到他所說的眞理，而我所擁有的力量是多麼薄弱。他緊緊握住我的肩膀，微笑著，與我一起望向花園外；「耐性一點，停止憤怒，即使因『修行』似乎進步緩慢而感覺挫折，都不可以憤怒。不只是對外在的障礙和問題，即使是面對你自己，都要保持冷靜，保持平等心——對自己仁慈，鼓勵自己：一切都不如成佛。

「智者在修行過程中必然會受苦，如果你只追求安逸，你就絕不會有智慧。不要過度執著微小的快樂，而要追尋究竟的安樂。不只學習處理痛苦，還把苦當成工具，當成『修行』——苦讓你誠實、謙卑，使你以同理心對待不如你幸福的人。臣服於挫折或憤怒只會帶來毀滅；學習與痛苦共處，並且善用痛苦的技巧將幫助你達成目標，完全超越痛苦。眞正的『戰士』學習百折不撓。」

我們又坐了一會兒，我這小小的冒險及漫漫長夜，最重要的是學習新東西以及誠實檢驗我的心，使我開始感到筋疲力盡——我不禁睡著了。在夢中，我看到自己是小孩，也憶起五朔節（譯註：五月一日舉行，是中古時代和現代歐洲的傳統春季節日），這是多年來未曾想起的事。我坐在學校的小木桌旁，看著窗外早晨的太陽，我的同學，男生、女生全都穿著亮麗的春裝。他們繞著飾有鮮花和彩條的柱子跳舞，每一個人拉著由柱頂垂下的彩帶，順時鐘繞著圈子唱唱跳跳。我獨自一個人坐在教室裡，內心盼望著佳節的熱鬧氣氛，卻沒有辦法站起來加入玩耍。

然後一個仁慈的比丘走了進來，深邃的眸子，和煦的笑容，帶我到巨大圓頂的地方，陽光從很高的窗子傾瀉而下，寬大而平滑的櫸木地板閃著亮光。他溫和的把我推向陽光和空氣的中央，「跳舞，喜歡怎麼跳就怎麼跳，舞出自己。」我跑進陽光中，

10 戰士

在空蕩蕩灑滿光輝的大教堂中，我轉身起舞，忘我的旋轉。這是孩子的舞蹈，什麼都不想，伸出手臂，頭往後仰，大笑著。寂天溫和的碰了我的手臂，他站在我面前，壯碩的身軀穿著袈裟，在月光下，莊嚴無比。

「現在來吧！」他溫和的說。

「我有點累，」我回答：「不能坐久一點嗎？」

「你可以，」他溫和的回答：「你可以，但是沒有時間。」

「我們有整個晚上。」

「你無法確定。」

「只要幾分鐘。」

「不需要。」

「我需要。」

「你不需要。」

「眞的，一會兒就好。」

「我們要走了。」

「去哪裡？為什麼？」

「你的母親。」

我陡的坐起來：「我母親？」

「你的母親。來。」

「她在這裡嗎？」

「我沒這麼說。」

「不然，你是什麼意思？」我說，奮力站起來。

「她正在等待，她需要你，她要你來。你是要休息，還是要來呢？」

「來，當然是來。」我感覺到全新的力量，疲憊完全不見了，希望讓我輕鬆愉快。

10 戰士

「我知道你會來，」他有力的快步向前走，我順理成章的跟上去。「你天性善良，你感覺到行善的喜悅，你覺知到幫助你母親的廣大利益。」

事實上，我感到很久未曾有過的清新，但很快我們就走到佳樂樹下的珍貴木椅旁，「她」的學校。寂天轉起身來，袈裟下襬畫出一個大弧形，他抓住我的手。

「應該是這裡，而且很快。」他快樂的說。

我帶著希望凝視他的臉，看到他燦爛的微笑，不禁忘我的笑了。「什麼？應該是什麼呢？」

「在這聖地上，」他說，朝著「她」和我經常躺的小草坪點頭，「很快就會變得更神聖，你將會接受六波羅蜜中的最後兩個波羅蜜的教導，而且是比我更偉大的人來教導你。」

我停了一會兒，儘管我們在「花園」待了一整晚，我知道他只教我三個波羅蜜，還剩三個。他教我如何布施、如何持戒、如何忍辱——只有這三個。

「但第四個波羅蜜是什麼呢？誰會教我第四個呢？」我哭喊著，深怕自己會漏掉。

「第四個是精進波羅蜜，這是一種喜悅，做好人的喜悅，行善的喜悅，做好人的美好感覺。這感覺在你疲倦的時候會幫助你站起來，讓你繼續做更多的善行：你一旦品嘗到這種美好的感覺，你不會再懷疑它的甜美。你只需要記住母親，因爲母親等著你，不管她在哪兒，只要沒有你，只要她還在痛苦煩惱中，你就必須獨立，精進修行，如此你就可以接觸到她，帶給她最好的禮物。

「它是通往喜悅之都的喜悅之道，一個你必須帶著她同行的喜悅工作。你沒有理由沮喪，沒有理由懷疑，沒有理由躊躇，沒有理由退轉。在你身後只有死亡，永遠放下現在、未來只有痛苦的生活方式，不要盲目的汲汲營營，一切終必幻滅。你走在正確的路上，你已經找到正確的方法——享受喜悅，向前跑，找到她，跳舞——舞出你心中所渴望的舞蹈。」他又大笑，深刻圓滿的笑，淚水盈滿我們眼眶。

11

空　性

從此，我這個安靜的書蟲，開始祕密過著「戰士」的生活。這是一個眞正全新的經驗，我對習以爲常的生活世界有了新的體驗方式，因爲這個特別的「戰士」的戰場仍舊不變，是相同的老圖書館、寺院的小房間、黃昏時下去市集買蔬菜所穿越的巷弄。我確實感覺完全變成一個不同的人，因爲我有完全不同的目的。穿越過去的生活，彷彿就像走過兩旁商店林立的大街；我是一個購物者、一個消費者，望著櫥窗尋找是否有我所需要的東西，然後做必要的事獲得我的所需。

身爲「戰士」的生活完全不同。我眞正是穿著閃耀盔甲的騎士，我用腳走路，就像騎著駿馬，在圖書館或路上環顧四周，彷彿從國王的寶座睥睨天下：我看著我的子民、我的孩子，夢想著用種種方法爲他們服務，讓他們愉快，確保他們的未來及終極快樂。我竭盡所能的布施愛語、和顏悅色、背部輕輕一拍、我僅有的一點點錢、誠懇說幾句鼓勵他們、能令他們快樂的話；在我的內心，我也供養他們堆積如山的珠寶、甚深的精神證量、以及不屬於任何人的一切東西——蔚藍的天空、大海的潮汐聲、生長在地球每一座山上的花朵。雖然無人知曉，但我誠懇的供養，祈願他們有一天也會擁有我所供養的東西，尤其是證悟。最重要的是，我發現內心湧現深沈滿足的喜悅，時時刻刻、日復一日的增長。

當喜悅增加時，我的渴望也隨著增加，因爲我知道我的修行尚未圓滿，就像一匹已接近水邊的馬，知道接近目標了，越來越接近圓滿，而且非常著迷於抵達目前可以抵達的目標。我想發現圓滿，我知道我可以觸及我的母親，我知道她就在附近；直覺告訴我，我現在離「金色女孩」也很近，我將要再度見到她。我確信很快就可以結束尋求之旅，找到我所尋找的目標：我的母親、「花園」的上師們和「金色女孩」。所以，我又去了「花園」，希望今晚這一切都將實現。

我清楚的記得那一天，任何事情都不可能讓我忘記。那一天是七月二十八日，時值盛夏，白天熱氣蒸騰，就像來自烤箱的風拍打在我臉上，眼鼻乾澀；我在深夜進入花園，此時白晝的暑氣已散，我坐在佳樂樹下的椅腳邊，暢飲甜蜜的沙漠微風，怡然忘我。

我坐下，津津有味而慢慢的準備禪修，彷彿正要戴上柔軟的舊手套，或與老友暢談。在我差不多要結束準備功夫時，我感覺「花園」大門有騷動，然後有一個小身影，沿著北方牆壁緋紅的沙漠玫瑰靜靜走來，在一叢灌木前彎下身，彷彿在默禱，然後又離開了。

我看到一顆僧人的頭，天鵝絨般的短黑髮修剪齊整，隨之出現袈裟與身體。在我看到這麼簡單的線索後，我發現自己就不由自主的站起來，雙手在胸前合掌，深深的向他鞠躬。我幾乎是以恐懼、敬畏的心往上凝視，因為在我面前的竟是喬達摩——佛陀本人。雖然他一點都不像是我所期待的樣子，但是無庸置疑的，他就是佛陀。

他不高，中等身材，清瘦微彎，幾近害羞般的謙遜。他的舉手投足，如他的臉龐般純淨優雅。他的袈裟整潔莊嚴，簡單掛在純淨的身軀上，顯現出穿了一輩子之後的柔美自然。沒有人能猜出他的年紀，我認為大約二十七或二十八歲，但是從他的臉看不出端倪。一切都是那麼的樸實，他給人的第一印象，除了謙遜外，就是樸實的眞誠：兩眼溫柔常開，很少眨眼，經常謙遜的低垂，優雅的微笑，寧靜睿智的臉散發出安詳的喜悅。他的皮膚和身體其他部分與你、我相同，並不是會發光之類的，而是一種不同的光芒，無形無色的光，上自眼睛、臉龐和溫柔的手，下至謙恭裸露的雙足，都沐浴在清明的溫馨中。這種溫馨往外散發出來，充滿了整個「花園」，遍灑了我全身，使我自然向他鞠躬。雖然佛陀既不需要也不希求眾生鞠躬，但我還是向他鞠了躬。

「坐！」他輕聲的說：「坐！請坐。」我直覺的坐在椅子前面的草地上，向他鞠躬，祈請他坐在椅子上。他很自然的坐下來，雖然有點躊躇，彷彿不認爲他值得這樣的寶座。他靜靜的坐著，往下看著草地，含羞帶怯，宛如一個獨自出現在陌生人面前的女孩。我們安靜的坐著。

過了一會兒，他向我伸出手，我看見了他在進來的途中，從灌木叢摘下的一朵紅玫瑰。他沒有說話，只是拿著花對我，彷彿要求我看它，我照做了。我們彼此沒有言語交流，我只是看著玫瑰，不知道他在看什麼，因爲我仍然對他非常敬畏，不敢直視他的臉。

他突然收回玫瑰，把他的三隻手指頭放在我的下巴下面，慢慢抬起我的臉，迎向他的眼睛。然後，他說：「玫瑰。」他用手指閉上我的眼瞼，沒有移開他的指頭。我在心中觀想一朵玫瑰，一朵完美的紅玫瑰。

然後，他又用手指打開我的眼，又拿著玫瑰朝向我說：「不要想『玫瑰』。」我試著不去想，試著不看我剛剛看到的玫瑰影像，我又往他的手看。在那瞬間，就只是一剎那，我看到紅色的一個小角落，閃過漆黑的夜空。然後我的眼睛跳開，看到某種圓圓紅色的東西，再往下，看到綠色、薄薄、直直的東西。再下一刻，我又凝視回玫瑰。

「再一次。」他簡潔的說。

11 空性

他讓我凝視玫瑰，然後，收回他的手，接著柔和的閉上我的眼瞼，又說：「玫瑰。」我想著「玫瑰」，在我的念頭中有玫瑰的輪廓和顏色，緊接著他又溫和的打開我的眼瞼說：「不要想『玫瑰』。」他打開放在我面前的手，剎那間，我的眼睛又跳躍出某些顏色和形狀，剎那間，我看見玫瑰在我心中，也在我眼前。

他彎腰將手指觸地，以指尖帶起一隻黑螞蟻。他用手指觸碰玫瑰的花瓣，讓螞蟻爬到玫瑰上；螞蟻開始迅速跑過花瓣，站在邊緣上，向清涼的夜空探出頭，然後轉身跑到另一邊，又站在邊緣上，向虛空探出頭，差一點掉出玫瑰，又跑得更遠，顯然陷入恐慌中。喬達摩將玫瑰放在地上，黑螞蟻就跑進草叢中了。

之後，他將玫瑰捧在雙手上，我只能看到他的手背。他把手舉到臉上，睜大他的深棕色眼睛，側著頭看著它，凝視著它。我只能看到他的雙眼，我在他的眼裡看到他對玫瑰產生某種不尋常的滿足，某種不尋常的快樂。我知道在那當下，他看到以我目前程度無法看到的東西：他看到的東西和我一模一樣，但他卻觸發某種深沈的喜樂，我知道那一刻他看到的不可能與我相同。喬達摩用手輕柔的捧起玫瑰，並將他閃亮的眸子轉向我。

「有一個刹那，」他靜靜的說，「你先看到玫瑰，再生起『玫瑰』的念頭。它只是一些簡單的形狀和顏色。然後你的心把這些當作『玫瑰』。可憐的螞蟻也看到這些相同的形狀和顏色，卻只是生起『威脅』和『死亡』的念頭，緊接著逃命。當我凝視這些相同的形狀和顏色時，我看到永恆，看到所有眾生的心並且愛他們。」

喬達摩停了下來，閉上眼睛，彷彿在等待我瞭解他話中的含意，並仔細的思惟，然後他才繼續說。他又伸出手，打開手問我：「是誰正確的看到這個東西？這個東西是什麼？它是玫瑰嗎？它是『死神』嗎？它是所有的人類嗎？是圓滿的愛嗎？」

在他的面前，我覺得我的心好像是別人的，就像是某一位偉大證悟聖者的心，我沒有回答的衝動，也不需要用言語回答。他拿在手中的，既是這些東西之一（譯註：遍計所執性），也是這些東西的全部（譯註：依他起性），又非這些東西（譯註：圓成實性）。它是什麼，完全決定於看它的三種生命（譯註：佛陀、作者、螞蟻），他們都看到眞實的事物。總之，它對三者呈現三種事物，可是它卻不可能同時呈現三種完全不同的事物。每個人看到什麼，它就成爲什麼。

他又合起手，再度停頓下來，彎下身，輕聲卻有力的對我說：「現在像我一樣，把它看作永恆，把它看作全人類，瞭解我給予他們圓滿的愛。」然後他張開手，我欣喜若狂，急切的往他手掌看，看見——只是一朵紅玫瑰。

我失望的閉上眼睛，只說：「我辦不到。」

「我知道。」他說。

「爲什麼？」

「你非常清楚，你只看到你的心強迫你看的；你只看到你心中的習氣允許你看到的，即使你正在看著和我一樣的東西。我看到永恆，所有的生命，全然的愛他們。」

我閉上眼睛想「玫瑰」，我睜開眼睛看到「玫瑰」。他在椅子上結跏趺坐，禪修。我也盤腿禪修。一切變得越來越寂靜。我失去了「花園」的聲音，接著失去了花園的味道與感覺，接著又失去了坐在「花園」裡的感覺，終於我失去了念頭甚至我自己的感覺。一切寂靜圓滿。

我看見空性。法爾如是，我看見了。一切皆空。

當空性的體悟結束後，心又開始起分別。我覺知到心中起了萬法的分別，又感覺到自己的存在。然後，我覺知到就在那一刻，我初次看見了空性。

我知道我看見了佛陀，所以我知道諸佛眞正存在。

我完全知道再過七世，我自己也會成佛，我知道我的來生眞正存在。

我知道「佛道」完全是眞理。

我知道成佛之後，他們不會再稱呼我的名字。

我知道未來七世會過得很好，不再有眞正的痛苦，我身邊有慈愛的雙親、博學善知識、法友及教法，這些正是我所需要的，萬無一失。

11 空性

我知道我所看到的是眞實不虛，我絕不可能再懷疑。我知道我是正確的，我知道我不再無知或瘋狂，我知道沒有人能夠讓我懷疑我所看到的眞理。

我知道我瞭解世間每一本聖典所說的，我知道我完全瞭解浩瀚知識之海，彷彿它簡單得像孩子眼中的淚珠。我瞭解這些聖典的眞諦，我知道爲了下一代，我必須獻上生命讓它們永久住世。

我愛每一位眾生。一道光從我的胸間射出，有力的光柱，沒有顏色，它散播、觸及每一位眾生，我知道我會爲每一位眾生而活，我只爲眾生而活，再也沒有其他事可做了。

我知道諸佛的圖像是眞的，我知道我們必須照顧他們，我知道我必須對他們頂禮，當該站起來的時間到來，我在他們面前五體投地。

我知道我看見了不同的實相，眞正的實相，眞正更高更純淨的實相。我知道過去我所瞭解的實相，並不是目前所瞭解的實相。我知道過去我所瞭解的實相，並非清淨的實相。我知道這個世界沒有哪樣東西是清淨的。在一切萬物中，鑽石勉強可以用來譬喻實相，它是清淨的、堅實的、清澈的、透明的。

我知道我會死亡。我知道我的心還不夠淨化。我知道在我見到空性之前，我看待事情的方式都是錯的。我知道即使現在，一旦我起了分別心，還是會看錯事情，直到我完全證悟之前，我必然還是會錯。我知道我可以閱讀我的心念。我知道如果我仔細開發我自己，我是會呈現奇蹟的。

我知道現在我完全變了一個人，因爲我跟他人不一樣了，我見到了空性，我也看到其他的萬事萬物，我不再需要像從前一樣痛苦。一切苦都結束了；我踏上了解脫之路，內心篤定，這是一種甜蜜的篤定，終生不渝。

我感恩的往上看著喬達摩。他往下凝視著我，全然寂靜，全然喜悅。他無所不知。

12

天使

在花園中與佛陀相處的經驗，使我的生命完全改觀。想想看一個人如果對於未來無所不知，而且已經看到最有價值的事，還有什麼要做的呢？我所見到的空性，對我生命的影響持續了許多年，我越來越清明，越來越充實，越來越甜蜜而篤定。不久，我覺得需要去找寺廟的方丈，請求他授予比丘戒。我外在的生活沒有多大改變，但是我有種回家的感覺，比丘的生活非常適合我。在剃度儀式過後，我完全過著比丘的生活，幾乎到了忘我的程度。

圖書館的工作增加了新的意義：針對我在「花園」中所學習到的法門，我有強烈欲望尋找更進一步的知識，所以我開始仔細閱讀圖書館典藏的古老偉大經卷。幾年之間，我找到「花園」每一位上師留下的巨著。我在寂天菩薩的《入菩薩行論》中，找到蜂蜜與剃刀的教導；在宗喀巴大師所造的《菩提道次第廣論》中，找到苦聖諦的詮釋；又在蓮花戒大師的《修習次第》中，找到非常清楚的禪修細節。

法稱大師的《釋量論》第二章，回答了我有關過去世和未來世的任何疑問。我發現世親大師對於死亡的教法，大部分源自佛陀的《無常經》開示及《廣論》的死隨念。他所提及的無量法界和痛苦法界，我發現在他的《俱舍論》中有詳盡說明。有關彌勒菩薩教我應予對治的煩惱心所，我從各種般若波羅蜜的作品，尤其是他的《現觀莊嚴論》及後代注疏得到非常透徹的瞭解。

有關習氣及習氣在我們生命和世界中所扮演的角色，我發現在第一世達賴喇嘛對世親菩薩《俱舍論》的注書第四章中，有非常精闢透徹的闡述。習氣如何儲存在心識及如何起現行的細節，我在宗喀巴大師詮釋唯識學的著作《辨了不了義善說藏論》中找到。持戒生活的細節，見於功德光上師的《戒論》及後人的注疏，尤其是博學的卓那瓦（Tsonawa）的著作。

無著大師傳授給我的精髓——透過呼吸拔苦與樂的施受法——我後來在第一世班禪喇嘛的《供養聖上師》及法賢喇嘛的精細解說中找到。寂天大師有關戰士事業的詳細開示，當然出自他的《入菩薩行論》及月稱大師的《入中論》。我也在《入中論》

和佛陀宣說的《金剛經》中，找到些許描述我於「花園」最後的體驗。

我沒有回到「花園」，這些研究雖然不可勝數，卻占去了我二十年的功夫。我花這麼長的時間全面檢驗、瞭解、內化與佛陀相處幾分鐘的所見所聞。我規律的祈禱與禪修，服侍寺廟的方丈，鑽研圖書館的佛經，使心靈趨於成熟。老實說，經過了這些年，我越來越少想起母親——這是我生命中很自然的一部分，我的生命已經在她死後，變成追尋之旅：我不再只是想要尋找她、幫助她，而是夜以繼日的把全部心力轉為修行，我認為這樣才有可能再見到她或與她在一起。我也有一張「金髮女孩」小時候的相片，手中拿著一小束花，有如太陽般燦爛；我把相片放在床邊，經常看著，知道「她」在這個世上過得很好，因緣成熟時，我就可以與她再度見面。

在某個深夜裡，一個陌生人捎來了這個訊息，一小張折疊的紙條上寫著「來『花園』」，雖然沒有署名，但我直覺知道是「她」的筆跡。因為年輕時就經常如此，沒有線索、沒有日期、沒有時間，我必須單獨靜靜坐著，思考我該何時來到「花園」。

12 天使

新月才剛過沒幾天，我知道她不會要我在黑暗中與她見面；離滿月也還早，這是我生命中最期待的一刻，我直覺「她」不可能要我等那麼久，所以，我決定在陰曆初十，離今天不遠，卻可以有足夠的光又看到她圓滿的臉。

這是初春的季節，即使是在沙漠，也是萬物甦醒的時刻，非常適合我再度前往「花園」。我離開「花園」一晃眼已經二十年了，在修行上雖然有大進展，但仍然有些許像冬天的灰色及寒意，或者說就像被裹在繭中。當我走進「花園」時，園中的感覺和色彩反映出我的生命：由於歲月的侵蝕，大門老舊破損，磚牆和木椅仍在，但是顏色加深了。佳樂樹看起來和從前一樣，泉水仍然盪漾著甜美的聲音。我沈重的坐在椅子上，一部分由於飽經風霜深感疲憊，而且內心奔騰，思緒、記憶與期望縈繞心中，揮之不去。我雙手抱著頭，一邊注意動靜，一邊思索。她沒有來，夜漸漸的深了，「花園」也更沈靜了。

我往下看，看到佳樂樹垂下長長的豆莢，我彎腰把它撿起來放在膝上，在我等待時，如夢似幻般凝視著它。我一直想帶禮物來「花園」，一直想帶一些小而珍貴的東西來供養上師，這些年來，卻不曾找到眞正彌足珍貴的東西；我每次想到要供養的東西，和我在這裡得到的無價之寶比起來簡直是一無可取，結果，都不曾帶禮物來給上師們。但是此刻，在我等待的時候，它卻來到我身邊，我手裡握著豆莢，看著一排的種子，我發誓要把這個禮物送給他們，回報他們的慈悲：我可以拿這些種子，在我將要建立的新花園裡，爲其他上師種植新樹，引導其他學生，一如他們教導我一般。

我一定坐了好幾個小時，起初有點不耐煩，後來卻感覺越來越寧靜。這些年來思惟「花園」中所發生的一切，以及三十年的禪修和服務，宛如原始的颶風盤旋著我，快速緊湊的向內旋轉，直到創造出強力穩固的物質。這是在我生命中已經形成一段時間非常清明獨特的想法，給我勝義諦的暗示，現在，在我等待「金髮女孩」時，突然變得非常清明、清澈，就像水晶本身所發出的光。我又開始想起我的母親，以及她所經歷的痛苦。

我現在清楚的看到母親所受的苦是被她過去的事件所控制：她的所思、所言、所做創造了習氣，迫使她看到自己的痛苦及死亡。我想起我這一生兩個最大的痛苦，就是與她及「花園」的「女孩」分離，我知道痛苦的原因是相同的，我也知道痛苦是可能改變的，只要改變痛苦的因——習氣——藉著淨化過去負面的情緒，在內心注入新且有力的正面習氣。我也可以誠實、自傲的說，我在過去二十年中竭盡所能淨化了負面習氣，我眞實誠懇的精進修持，在內心與外在過著戰士的修行生活，因此熏習了有力的新而神聖的習氣。所以我知道，我篤定的知道我的人生，新的習氣在心中起現行時，讓我看見實相，我周遭的實相確實開始改變，轉化成我年輕時在這「花園」開始學習佛道所期望的美善與光明的世界。總之，我知道爲什麼收到紙條，我知道此時此地我將與「她」見面，而且至善就要發生。

我的想法在神聖的靜默中畫下句點，我聽到「她的」腳步聲，絕不會錯的，絕不可能是別人。這不是年輕人活潑跳躍的腳步，我只在「她」身上聽過，這是莊嚴自信的女強人步伐。我的心跳得更厲害，我害怕心臟會在那瞬間破裂，我直覺的離開椅子坐到草地上，不敢往上看，我聽見「她」坐下。

我的心跳慢了下來，我可以聽見她的呼吸聲，開始樂在其中。事實上，「她」仍然活在我的世界，我又可以見到「她」了。一陣香氣飄過來，是她以前常用的梔子花香水的香味，當初一別之後就不曾再聞過，它強烈撕裂我的心，非其他影像或聲音可比。我在「花園」感覺到春天的氣息，我想冬天正在過去，新的「太陽」、新的溫暖正在升起。「她」的出現令我心中升起一股暖流，我品嘗著芳香，傾聽呼吸之歌，就像夏天出現在沙漠中的微風。我張開了眼睛。

首先看到她的雙眼，溫柔的表情，母鹿般棕色的眼睛，往下堅定的凝視著我，閃亮的青春由於歲月與分離，變成一種力量。她伸出手握住我，我看著她的眼睛和她的臉。

她似乎已經筋疲力盡：時間的滄桑，瘦削僵硬的兩頰及下巴取代了平滑圓潤，無情的歲月在她的前額和眼睛周圍刻畫出皺紋，曬黑的手掌、手背，仍然是長而美麗的金髮，但變得稀疏還夾雜著灰色，失去了年輕時的鬈曲和光采。她的身形疲憊，兩肩佝僂，嘴角生硬，眼神無望。她過著有些許快樂卻有更多艱辛的生活，絕望的生活——一般人正常的生活，我母親的生活——現在「她」到了生命的終點，沒有希望，沒有未來。她是一個平凡的女人，一個母親，一個中年家庭主婦，過著乏善可陳、沒有驚奇的生活。

但是不管我看到什麼，我被吸引著，被一個整體生命的希望吸引著，也許是被我所學、所瞭解的東西所驅使。我心中閃入一個念頭，一種不可抗拒的念頭，一種瞭解，一種我無法拒絕但不敢表達出來的想法。我知道是「她」帶領我到「花園」的。我知道「她」是第一個教導我的，我知道這些無聲的教導是正確無誤的，是非比尋常的。我知道我的生命在「花園」裡被塑造了，我知道她不是平凡的女人，絕不是在我面前所表現的平凡家庭主婦。我知道「她」絕對可能是一個開悟的人，「她」在我們小時候來到我家，征服了我跟著「她」，這樣「她」和「花園」中的上師就可以教導我。我知道不要把眼前的人當成凡夫，我很清楚知道現在該做什麼，雖然我有些猶豫、恐懼和懷疑。我撲倒在「她」面前的草地上，臉向下，然後雙膝跪起來抓住「她」的手，把臉埋在她手裡，對「她」號啕大哭，大喊著：「請現在帶我去，帶我去『妳』的天堂。」

我感覺她因突如其來的驚嚇而抽回了手，「她」的身子倒退在椅子的一端。我往上看著「她的」臉想問她，但是「她」看來十分驚恐，大哭著：「你忘了自己的身分！你是一個比丘！」

我只有瞬間的躊躇，但是正知正見驅使我前進，那是一輩子修行得來的正知正見和心願。我又伸出手去握「她的」手，又問她：「天使，金色天使，請帶我去，現在請帶我跟『妳』去。」瞬間我的手又被甩開了，我感覺下巴和臉吃了重重的一巴掌。我羞愧、疑惑的垂下頭，眼睛閉著，只聽到厭惡和吃驚的聲音：「你在胡說些什麼？

12 天使

你哪條筋不對了？你是瞎了？瘋了？看！看我。我不是天使，我是個平凡的女人，一個有丈夫、孩子的女人，一個已經變得又老又累的平凡女人，一個已到生命終點的女人，一個一無所知、一無所求的女人。看看我，看。」

我又伸出手，這次「她」站了起來，有力而憤怒的把腳踹到我的手邊。「停下來！停！你是瘋子！」她在瞬間轉了一圈，但是我抓住了她的手和手臂，拉著她，我用膝蓋跪著，然後用另外一隻手握住她，把她的手拉到我的淚眼，第三次乞求：「現在，請帶我走，求求妳。」

「看我！」她要求。

我辦不到。

「看！現在！」

我沒辦法。

「親愛的，現在往上看。」

我祈禱，看她，看見「她的」臉在月光下發光，往下看著我。一張眞正天使的臉，柔軟，一個十六歲的少女，閃耀著光輝，溫和，充滿無盡的愛，淚眼婆娑。然後，「她的」臉，慢慢的、溫和的變了，我清晰的、純淨的看到「花園」每一位上師的臉，可是我知道「她」一直都在那裡。她的手臂在月光前往上伸出來，像巨大的金色翅膀，她彎下身，以翅膀覆蓋住我，像忿怒金剛。

然後一片寧靜，只有「她」熟悉且強烈的溫暖包覆在我身上，耳中是我自己奔騰的呼吸和血液循環聲。

然後，在這樣的溫暖中，呼吸平靜下來，寂靜莊嚴。

然後，一切靜止，全然的寂靜。

然後，一股強烈的熱氣捲成氣團，往上爬，最後變成兩柱金色的火焰，延伸到虛空中。

兩個火柱合而爲一。

然後，我就是「她」，「她本人」。我往下看，看到金色的頭髮、修長苗條的身軀、柔軟小巧的胸部，這些完全以純淨的光呈現。我環顧我的「花園」，慢慢的，我看到的花園如同她所見一樣，是完美的，是天堂。

海洋是柔和的淡藍色，在微風中輕柔的滾動，鼓起成千上萬的、圓潤柔美的浪花，延伸到遙遠的海平線。

在海水接觸天空的地方，藍色變得更深，其上是金黃色，越高越金光閃爍，直到「太陽」的外輪燦爛奪目，令人無法直視。

「太陽」只站在天空中，法爾如是的站在那兒，一動也不動，光芒四射，呈現它的本然自性。

大海的腳步不曾停歇。在一望無際的漣漪中，漩渦中，潮汐中，捲起百千億個小浪花，生而復滅，滅而復生。每一個小浪花面對「太陽」只有片刻的功夫，波光粼粼，形成百千億個鑽石；無思無念，隨緣自在，「太陽」自我如如，顯現在海面晶瑩的小火光上。

在那一刻我就是「太陽」。我的生命無所不在；腳下的大地，無邊無際的大海，無一處不是我，我的火顯現在每一個小浪花上。太陽閃爍在海面上的每一道光，就是一整個世界，充滿生命，人類和其他眾生出生了，又死亡了，見面了，又離開了，永無止境的追尋快樂。

我走過恆河沙數的三千大千世界，尋找我的母親。

我凝視每一個眾生的臉，尋找她的臉。

我發現無一眾生不是她。所以，我照耀每一位眾生，帶給眾生溫暖，在每一座新「花園」中，播下佳樂樹的種子。

來吧！撫摸太陽吧！

橡樹林文化 ❖❖ 衆生系列 ❖❖ 書目

JP0001	大寶法王傳奇	何謹◎著	200 元
JP0002X	當和尚遇到鑽石（增訂版）	麥可・羅區格西◎著	360 元
JP0003X	尋找上師	陳念萱◎著	200 元
JP0004	祈福 DIY	蔡春娉◎著	250 元
JP0006	遇見巴伽活佛	溫普林◎著	280 元
JP0009	當吉他手遇見禪	菲利浦・利夫・須藤◎著	220 元
JP0010	當牛仔褲遇見佛陀	蘇密・隆敦◎著	250 元
JP0011	心念的賽局	約瑟夫・帕蘭特◎著	250 元
JP0012	佛陀的女兒	艾美・史密特◎著	220 元
JP0013	師父笑呵呵	麻生佳花◎著	220 元
JP0014	菜鳥沙彌變高僧	盛宗永興◎著	220 元
JP0015	不要綁架自己	雪倫・薩爾茲堡◎著	240 元
JP0016	佛法帶著走	佛朗茲・梅蓋弗◎著	220 元
JP0018C	西藏心瑜伽	麥可・羅區格西◎著	250 元
JP0019	五智喇嘛彌伴傳奇	亞歷珊卓・大衛－尼爾◎著	280 元
JP0020	禪　兩刃相交	林谷芳◎著	260 元
JP0021	正念瑜伽	法蘭克・裘德・巴奇歐◎著	399 元
JP0022	原諒的禪修	傑克・康菲爾德◎著	250 元
JP0023	佛經語言初探	竺家寧◎著	280 元
JP0024	達賴喇嘛禪思 365	達賴喇嘛◎著	330 元
JP0025	佛教一本通	蓋瑞・賈許◎著	499 元
JP0026	星際大戰・佛部曲	馬修・波特林◎著	250 元
JP0027	全然接受這樣的我	塔拉・布萊克◎著	330 元
JP0028	寫給媽媽的佛法書	莎拉・娜塔莉◎著	300 元
JP0029	史上最大佛教護法－阿育王傳	德千汪莫◎著	230 元
JP0030	我想知道什麼是佛法	圖丹・卻淮◎著	280 元
JP0031	優雅的離去	蘇希拉・布萊克曼◎著	240 元
JP0032	另一種關係	滿亞法師◎著	250 元
JP0033	當禪師變成企業主	馬可・雷瑟◎著	320 元
JP0034	智慧 81	偉恩・戴爾博士◎著	380 元
JP0035	覺悟之眼看起落人生	金菩提禪師◎著	260 元
JP0036	貓咪塔羅算自己	陳念萱◎著	520 元
JP0037	聲音的治療力量	詹姆斯・唐傑婁◎著	280 元

JP0038	手術刀與靈魂	艾倫・翰彌頓◎著	320 元
JP0039	作為上師的妻子	黛安娜・J・木克坡◎著	450 元
JP0040	狐狸與白兔道晚安之處	庫特・約斯特勒◎著	280 元
JP0041	從心靈到細胞的療癒	喬思・慧麗・赫克◎著	260 元
JP0042	27% 的獲利奇蹟	蓋瑞・賀許伯格◎著	320 元
JP0043	你用對專注力了嗎？	萊斯・斐米博士◎著	280 元
JP0044	我心是金佛	大行大禪師◎著	280 元
JP0045	當和尚遇到鑽石 2	麥可・羅區格西◎等著	280 元
JP0046	雪域求法記	邢肅芝（洛桑珍珠）◎口述	420 元
JP0047	你的心是否也住著一隻黑狗？	馬修・約翰史東◎著	260 元
JP0048	西藏禪修書	克莉絲蒂・麥娜麗喇嘛◎著	300 元
JP0049	西藏心瑜伽 2	克莉絲蒂・麥娜麗喇嘛◎等著	300 元
JP0050	創作，是心靈療癒的旅程	茱莉亞・卡麥隆◎著	350 元
JP0051	擁抱黑狗	馬修・約翰史東◎著	280 元
JP0052	還在找藉口嗎？	偉恩・戴爾博士◎著	320 元
JP0053	愛情的吸引力法則	艾莉兒・福特◎著	280 元
JP0054	幸福的雪域宅男	原人◎著	350 元
JP0055	貓馬麻	阿義◎著	350 元
JP0056	看不見的人	中沢新一◎著	300 元
JP0057	内觀瑜伽	莎拉・鮑爾斯◎著	380 元
JP0058	29 個禮物	卡蜜・沃克◎著	300 元
JP0059	花仙療癒占卜卡	張元貞◎著	799 元
JP0060	與靈共存	詹姆斯・范普拉◎著	300 元
JP0061	我的巧克力人生	吳佩容◎著	300 元
JP0062	這樣玩，讓孩子更專注、更靈性	蘇珊・凱瑟・葛凌蘭◎著	350 元
JP0063	達賴喇嘛送給父母的幸福教養書	安娜・芭蓓蔻爾・史蒂文・李斯◎著	280 元
JP0064	我還沒準備說再見	布蕾克・諾爾&帕蜜拉・D・布萊爾◎著	380 元
JP0065	記憶人人 hold 得住	喬許・佛爾◎著	360 元
JP0066	菩曼仁波切	林建成◎著	320 元
JP0067	下面那裡怎麼了？	莉莎・瑞金◎著	400 元
JP0068	極密聖境・仰桑貝瑪貴	邱常梵◎著	450 元
JP0069	停心	釋心道◎著	380 元
JP0070	聞盡	釋心道◎著	380 元
JP0071	如果你對現況感到倦怠……	威廉・懷克羅◎著	300 元
JP0072	希望之翼： 倖存的奇蹟，以及雨林與我的故事	茱莉安・柯普科◎著	380 元

JP0073	我的人生療癒旅程	鄧嚴◎著	260 元
JP0074	因果，怎麼一回事？	釋見介◎著	240 元
JP0075	皮克斯動畫師之紙上動畫《羅摩衍那》	桑傑・帕特爾◎著	720 元
JP0076	寫，就對了！	茱莉亞・卡麥隆◎著	380 元
JP0077	願力的財富	釋心道◎著	380 元
JP0078	當佛陀走進酒吧	羅卓・林茲勒◎著	350 元
JP0079	人聲，奇蹟的治癒力	伊凡・德・布奧恩◎著	380 元
JP0080	當和尚遇到鑽石 3	麥可・羅區格西◎著	400 元
JP0081	AKASH 阿喀許靜心 100	AKASH 阿喀許◎著	400 元
JP0082	世上是不是有神仙：生命與疾病的真相	樊馨蔓◎著	300 元
JP0083	生命不僅僅如此—辟穀記（上）	樊馨蔓◎著	320 元
JP0084	生命可以如此—辟穀記（下）	樊馨蔓◎著	420 元
JP0085	讓情緒自由	茱迪斯・歐洛芙◎著	420 元
JP0086	別癌無恙	李九如◎著	360 元
JP0087	甚麼樣的業力輪迴，造就現在的你	芭芭拉・馬丁&狄米崔・莫瑞提斯◎著	420 元
JP0088	我也有聰明數學腦：15 堂課激發被隱藏的競爭力	盧采嫻◎著	280 元
JP0089	與動物朋友心傳心	羅西娜・瑪利亞・阿爾克蒂◎著	320 元
JP0090	法國清新舒壓著色畫 50：繽紛花園	伊莎貝爾・熱志－梅納&紀絲蘭・史朵哈&克萊兒・摩荷爾－法帝歐◎著	350 元
JP0091	法國清新舒壓著色畫 50：療癒曼陀羅	伊莎貝爾・熱志－梅納&紀絲蘭・史朵哈&克萊兒・摩荷爾－法帝歐◎著	350 元
JP0092	風是我的母親	熊心、茱莉・拉肯◎著	350 元
JP0093	法國清新舒壓著色畫 50：幸福懷舊	伊莎貝爾・熱志－梅納&紀絲蘭・史朵哈&克萊兒・摩荷爾－法帝歐◎著	350 元
JP0094	走過倉央嘉措的傳奇：尋訪六世達賴喇嘛的童年和晚年，解開情詩活佛的生死之謎	邱常梵◎著	450 元
JP0095	【當和尚遇到鑽石 4】愛的業力法則：西藏的古老智慧，讓愛情心想事成	麥可・羅區格西◎著	450 元
JP0096	媽媽的公主病：活在母親陰影中的女兒，如何走出自我？	凱莉爾・麥克布萊德博士◎著	380 元
JP0097	法國清新舒壓著色畫 50：璀璨伊斯蘭	伊莎貝爾・熱志－梅納&紀絲蘭・史朵哈&克萊兒・摩荷爾－法帝歐◎著	350 元
JP0098	最美好的都在此刻：53 個創意、幽默、找回微笑生活的正念練習	珍・邱禪・貝斯醫生◎著	350 元
JP0099	愛，從呼吸開始吧！回到當下、讓心輕安的禪修之道	釋果峻◎著	300 元

JP0100	能量曼陀羅：彩繪內在寧靜小宇宙	保羅・霍伊斯坦、狄蒂・羅恩◎著	380 元
JP0101	爸媽何必太正經！ 幽默溝通，讓孩子正向、積極、有力量	南琦◎著	300 元
JP0102	舍利子，是甚麼？	洪宏◎著	320 元
JP0103	我隨上師轉山：蓮師聖地溯源朝聖	邱常梵◎著	460 元
JP0104	光之手：人體能量場療癒全書	芭芭拉・安・布藍能◎著	899 元
JP0105	在悲傷中還有光： 失去珍愛的人事物，找回重新聯結的希望	尾角光美◎著	300 元
JP0106	法國清新舒壓著色畫 45：海底嘉年華	小姐們◎著	360 元
JP0108	用「自主學習」來翻轉教育！ 沒有課表、沒有分數的瑟谷學校	丹尼爾・格林伯格◎著	300 元
JP0109	Soppy 愛賴在一起	菲莉帕・賴斯◎著	300 元
JP0110	我嫁到不丹的幸福生活：一段愛與冒險的故事	琳達・黎明◎著	350 元
JP0111	TTouch® 神奇的毛小孩按摩術——狗狗篇	琳達・泰林頓瓊斯博士◎著	320 元
JP0112	戀瑜伽・愛素食：覺醒，從愛與不傷害開始	莎朗・嘉儂◎著	320 元
JP0113	TTouch® 神奇的毛小孩按摩術——貓貓篇	琳達・泰林頓瓊斯博士◎著	320 元
JP0114	給禪修者與久坐者的痠痛舒緩瑜伽	琴恩・厄爾邦◎著	380 元
JP0115	純植物・全食物：超過百道零壓力蔬食食譜， 找回美好食物真滋味，心情、氣色閃亮亮	安潔拉・立頓◎著	680 元
JP0116	一碗粥的修行： 從禪宗的飲食精神，體悟生命智慧的豐盛美好	吉村昇洋◎著	300 元
JP0117	綻放如花——巴哈花精靈性成長的教導	史岱方・波爾◎著	380 元
JP0118	貓星人的華麗狂想	馬喬・莎娜◎著	350 元
JP0119	直面生死的告白—— 一位曹洞宗禪師的出家緣由與說法	南直哉◎著	350 元
JP0120	OPEN MIND！房樹人繪畫心理學	一沙◎著	300 元
JP0121	不安的智慧	艾倫・W・沃茨◎著	280 元
JP0122	寫給媽媽的佛法書： 不煩不憂照顧好自己與孩子	莎拉・娜塔莉◎著	320 元
JP0123	當和尚遇到鑽石 5：修行者的祕密花園	麥可・羅區格西◎著	320 元

橡樹林文化 ❖❖ 善知識系列 ❖❖ 書目

JB0001	狂喜之後	傑克．康菲爾德◎著	380 元
JB0002	抉擇未來	達賴喇嘛◎著	250 元
JB0003	佛性的遊戲	舒亞．達斯喇嘛◎著	300 元
JB0004	東方大日	邱陽．創巴仁波切◎著	300 元
JB0005	幸福的修煉	達賴喇嘛◎著	230 元
JB0006	與生命相約	一行禪師◎著	240 元
JB0006X	初戀三摩地	一行禪師◎著	280 元
JB0007	森林中的法語	阿姜查◎著	320 元
JB0008	重讀釋迦牟尼	陳兵◎著	320 元
JB0009	你可以不生氣	一行禪師◎著	230 元
JB0010	禪修地圖	達賴喇嘛◎著	280 元
JB0011	你可以不怕死	一行禪師◎著	250 元
JB0012	平靜的第一堂課——觀呼吸	德寶法師 ◎著	260 元
JB0013X	正念的奇蹟	一行禪師◎著	220 元
JB0014X	觀照的奇蹟	一行禪師◎著	220 元
JB0015	阿姜查的禪修世界——戒	阿姜查◎著	220 元
JB0016	阿姜查的禪修世界——定	阿姜查◎著	250 元
JB0017	阿姜查的禪修世界——慧	阿姜查◎著	230 元
JB0018X	遠離四種執著	究給．企千仁波切◎著	280 元
JB0019X	禪者的初心	鈴木俊隆◎著	220 元
JB0020X	心的導引	薩姜．米龐仁波切◎著	240 元
JB0021X	佛陀的聖弟子傳 1	向智長老◎著	240 元
JB0022	佛陀的聖弟子傳 2	向智長老◎著	200 元
JB0023	佛陀的聖弟子傳 3	向智長老◎著	200 元
JB0024	佛陀的聖弟子傳 4	向智長老◎著	260 元
JB0025	正念的四個練習	喜戒禪師◎著	260 元
JB0026	遇見藥師佛	堪千創古仁波切◎著	270 元
JB0027	見佛殺佛	一行禪師◎著	220 元
JB0028	無常	阿姜查◎著	220 元
JB0029	覺悟勇士	邱陽．創巴仁波切◎著	230 元
JB0030	正念之道	向智長老◎著	280 元
JB0031	師父——與阿姜查共處的歲月	保羅．布里特◎著	260 元
JB0032	統御你的世界	薩姜．米龐仁波切◎著	240 元

JB0033	親近釋迦牟尼佛	髻智比丘◎著	430 元
JB0034	藏傳佛教的第一堂課	卡盧仁波切◎著	300 元
JB0035	拙火之樂	圖敦・耶喜喇嘛◎著	280 元
JB0036	心與科學的交會	亞瑟・札炯克◎著	330 元
JB0037	你可以，愛	一行禪師◎著	220 元
JB0038	專注力	B・艾倫・華勒士◎著	250 元
JB0039X	輪迴的故事	堪欽慈誠羅珠◎著	270 元
JB0040	成佛的藍圖	堪千創古仁波切◎著	270 元
JB0041	事情並非總是如此	鈴木俊隆禪師◎著	240 元
JB0042	祈禱的力量	一行禪師◎著	250 元
JB0043	培養慈悲心	圖丹・卻准◎著	320 元
JB0044	當光亮照破黑暗	達賴喇嘛◎著	300 元
JB0045	覺照在當下	優婆夷　紀・那那蓉◎著	300 元
JB0046	大手印暨觀音儀軌修法	卡盧仁波切◎著	340 元
JB0047X	蔣貢康楚閉關手冊	蔣貢康楚羅卓泰耶◎著	260 元
JB0048	開始學習禪修	凱薩琳・麥唐諾◎著	300 元
JB0049	我可以這樣改變人生	堪布慈囊仁波切◎著	250 元
JB0050	不生氣的生活	W. 伐札梅諦◎著	250 元
JB0051	智慧明光：《心經》	堪布慈囊仁波切◎著	250 元
JB0052	一心走路	一行禪師◎著	280 元
JB0054	觀世音菩薩妙明教示	堪布慈囊仁波切◎著	350 元
JB0055	世界心精華寶	貝瑪仁增仁波切◎著	280 元
JB0056	到達心靈的彼岸	堪千・阿貝仁波切◎著	220 元
JB0057	慈心禪	慈濟瓦法師◎著	230 元
JB0058	慈悲與智見	達賴喇嘛◎著	320 元
JB0059	親愛的喇嘛梭巴	喇嘛梭巴仁波切◎著	320 元
JB0060	轉心	蔣康祖古仁波切◎著	260 元
JB0061	遇見上師之後	詹杜固仁波切◎著	320 元
JB0062	白話《菩提道次第廣論》	宗喀巴大師◎著	500 元
JB0063	離死之心	竹慶本樂仁波切◎著	400 元
JB0064	生命真正的力量	一行禪師◎著	280 元
JB0065	夢瑜伽與自然光的修習	南開諾布仁波切◎著	280 元
JB0066	實證佛教導論	呂真觀◎著	500 元
JB0067	最勇敢的女性菩薩——綠度母	堪布慈囊仁波切◎著	350 元
JB0068	建設淨土——《阿彌陀經》禪解	一行禪師◎著	240 元
JB0069	接觸大地—與佛陀的親密對話	一行禪師◎著	220 元

JB0070	安住於清淨自性中	達賴喇嘛◎著	480 元
JB0071/72	菩薩行的祕密【上下冊】	佛子希瓦拉◎著	799 元
JB0073	穿越六道輪迴之旅	德洛達娃多瑪◎著	280 元
JB0074	突破修道上的唯物	邱陽・創巴仁波切◎著	320 元
JB0075	生死的幻覺	白瑪格桑仁波切◎著	380 元
JB0076	如何修觀音	堪布慈囊仁波切◎著	260 元
JB0077	死亡的藝術	波卡仁波切◎著	250 元
JB0078	見之道	根松仁波切◎著	330 元
JB0079	彩虹丹青	祖古・烏金仁波切◎著	340 元
JB0080	我的極樂大願	卓千拉貢仁波切◎著	260 元
JB0081	再捻佛語妙花	祖古・烏金仁波切◎著	250 元
JB0082	進入禪定的第一堂課	德寶法師◎著	300 元
JB0083	藏傳密續的真相	圖敦・耶喜喇嘛◎著	300 元
JB0084	鮮活的覺性	堪千創古仁波切◎著	350 元
JB0085	本智光照	遍智　吉美林巴◎著	380 元
JB0086	普賢王如來祈願文	竹慶本樂仁波切◎著	320 元
JB0087	禪林風雨	果煜法師◎著	360 元
JB0088	不依執修之佛果	敦珠林巴◎著	320 元
JB0089	本智光照－功德寶藏論　密宗分講記	遍智　吉美林巴◎著	340 元
JB0090	三主要道論	堪布慈囊仁波切◎講解	280 元
JB0091	千手千眼觀音齋戒－紐涅的修持法	汪遷仁波切◎著	400 元
JB0092	回到家，我看見真心	一行禪師◎著	220 元
JB0093	愛對了	一行禪師◎著	260 元
JB0094	追求幸福的開始：薩迦法王教你如何修行	尊勝的薩迦法王◎著	300 元
JB0095	次第花開	希阿榮博堪布◎著	350 元
JB0096	楞嚴貫心	果煜法師◎著	380 元
JB0097	心安了，路就開了： 讓《佛說四十二章經》成為你人生的指引	釋悟因◎著	320 元
JB0098	修行不入迷宮	札丘傑仁波切◎著	320 元
JB0099	看自己的心，比看電影精彩	圖敦・耶喜喇嘛◎著	280 元
JB0100	自性光明——法界寶庫論	大遍智　龍欽巴尊者◎著	480 元
JB0101	穿透《心經》：原來，你以為的只是假象	柳道成法師◎著	380 元
JB0102	直顯心之奧秘：大圓滿無二性的殊勝口訣	祖古貝瑪・里沙仁波切◎著	500 元
JB0103	一行禪師講《金剛經》	一行禪師◎著	320 元
JB0104	金錢與權力能帶給你甚麼？ 一行禪師談生命真正的快樂	一行禪師◎著	300 元

JB0105	一行禪師談正念工作的奇蹟	一行禪師◎著	280 元
JB0106	大圓滿如幻休息論	大遍智　龍欽巴尊者◎著	320 元
JB0107	覺悟者的臨終贈言：《定日百法》	帕當巴桑傑大師◎著 堪布慈囊仁波切◎講述	300 元
JB0108	放過自己：揭開我執的騙局，找回心的自在	圖敦．耶喜喇嘛◎著	280 元
JB0109	快樂來自心	喇嘛梭巴仁波切◎著	280 元
JB0110	正覺之道．佛子行廣釋	根讓仁波切◎著	550 元
JB0111	中觀勝義諦	果煜法師◎著	500 元

橡樹林文化 ❖❖ 成就者傳紀系列 ❖❖ 書目

JS0001	惹瓊巴傳	堪千創古仁波切◎著	260 元
JS0002	曼達拉娃佛母傳	喇嘛卻南、桑傑．康卓◎英譯	350 元
JS0003	伊喜．措嘉佛母傳	嘉華．蔣秋、南開．寧波◎伏藏書錄	400 元
JS0004	無畏金剛智光：怙主敦珠仁波切的生平與傳奇	堪布才旺．董嘉仁波切◎著	400 元
JS0005	珍稀寶庫——薩迦總巴創派宗師貢嘎南嘉傳	嘉敦．強秋旺嘉◎著	350 元
JS0006	帝洛巴傳	堪千創古仁波切◎著	260 元
JS0007	南懷瑾的最後 100 天	王國平◎著	380 元
JS0008	偉大的不丹傳奇．五大伏藏王之一 貝瑪林巴之生平與伏藏教法	貝瑪林巴◎取藏	450 元
JS0009	噶舉三祖師：馬爾巴傳	堪千創古仁波切◎著	300 元
JS0010	噶舉三祖師：密勒日巴傳	堪千創古仁波切◎著	280 元
JS0011	噶舉三祖師：岡波巴傳	堪千創古仁波切◎著	280 元
JS0012	法界遍智全知法王——龍欽巴傳	蔣巴．麥堪哲．史都爾◎編纂	380 元

眾生系列 JP0123

當和尚遇到鑽石 5：修行者的祕密花園
The Garden: A Parable

作　　者／麥可・羅區格西 Geshe Michael Roach
譯　　者／鄭振煌
責任編輯／徐煖宜
封面設計／兩棵酸梅
內文排版／歐陽碧智
業　　務／顏宏紋
印　　刷／韋懋實業有限公司

發 行 人／何飛鵬
事業群總經理／謝至平
總 編 輯／張嘉芳
出　　版／橡樹林文化
城邦文化事業股份有限公司
115 台北市南港區昆陽街 16 號 4 樓
電話：(02)2500-0888 #2737　傳眞：(02)2500-1951
發　　行／英屬蓋曼群島商家庭傳媒股份有限公司城邦分公司
115 台北市南港區昆陽街 16 號 8 樓
客服服務專線：(02)25007718；2500-7719
24 小時傳眞專線：(02)25001990；25001991
服務時間：週一至週五上午 09:30 ～ 12:00；下午 13:30 ～ 17:00
劃撥帳號：19863813　戶名：書虫股份有限公司
讀者服務信箱：service@readingclub.com.tw
香港發行所／城邦（香港）出版集團有限公司
香港九龍土瓜灣土瓜灣道 86 號順聯工業大廈 6 樓 A 室
電話：(852)25086231　傳眞：(852)25789337
Email: hkcite@biznetvigator.com
馬新發行所／城邦（馬新）出版集團【Cité (M) Sdn.Bhd. (458372 U)】
41, Jalan Radin Anum, Bandar Baru Sri Petaling,
57000 Kuala Lumpur, Malaysia.
電話：(603) 90563833　傳眞：(603) 90576622
Email：services@cite.my

初版一刷／ 2017 年 2 月
初版十四刷／ 2024 年 5 月
ISBN ／ 978-986-5613-38-9(紙本書)
ISBN ／ 978-986-5613-38-9(EPUB)
定價／ 320 元
城邦讀書花園
www.cite.com.tw

國家圖書館出版品預行編目（CIP）資料

當和尚遇到鑽石 5：修行者的祕密花園 / 麥可・羅區格西（Geshe Michael Roach）著；鄭振煌譯．-- 初版．-- 臺北市：橡樹林文化，城邦文化出版：家庭傳媒城邦分公司發行，2017.02
面；　公分．--（眾生；JP0123）
譯自：The garden : a parable
ISBN 978-986-5613-38-9（平裝）

1. 藏傳佛教　2. 佛教說法

224.515　　106000838

廣　告　回　函
北區郵政管理局登記證
北 台 字 第 10158 號
郵資已付　免貼郵票

115 台北市南港區昆陽街 16 號 4 樓

城邦文化事業股份有限公司
橡樹林出版事業部　收

請沿虛線剪下對折裝訂寄回，謝謝！

|橡|樹|林|

書名：當和尚遇到鑽石 5：修行者的祕密花園　書號：JP0123

橡樹林文化
讀者回函卡

感謝您對橡樹林出版社之支持，請將您的建議提供給我們參考與改進；請別忘了給我們一些鼓勵，我們會更加努力，出版好書與您結緣。

姓名：＿＿＿＿＿＿＿＿ □女 □男 生日：西元＿＿＿＿＿年

Email：＿＿＿＿＿＿＿＿＿＿＿＿＿＿＿＿

●您從何處知道此書？

□書店 □書訊 □書評 □報紙 □廣播 □網路 □廣告 DM

□親友介紹 □橡樹林電子報 □其他＿＿＿＿＿＿

●您以何種方式購買本書？

□誠品書店 □誠品網路書店 □金石堂書店 □金石堂網路書店

□博客來網路書店 □其他＿＿＿＿＿＿

●您希望我們未來出版哪一種主題的書？（可複選）

□佛法生活應用 □教理 □實修法門介紹 □大師開示 □大師傳記

□佛教圖解百科 □其他＿＿＿＿＿＿

●您對本書的建議：

＿＿＿＿＿＿＿＿＿＿＿＿＿＿＿＿

＿＿＿＿＿＿＿＿＿＿＿＿＿＿＿＿

＿＿＿＿＿＿＿＿＿＿＿＿＿＿＿＿

非常感謝您提供基本資料，基於行銷及客戶管理或其他合於營業登記項目或章程所定業務需要之目的，家庭傳媒集團（即英屬蓋曼群商家庭傳媒股分有限公司城邦分公司、城邦文化事業股分有限公司、書虫股分有限公司、墨刻出版股分有限公司、城邦原創股分有限公司）於本集團之營運期間及地區內，將不定期以 MAIL 訊息發送方式，利用您的個人資料於提供讀者產品相關之消費與活動訊息，如您有依照個資法第三條或其他需服務之務，得致電本公司客服。

我已經完全了解左述內容，並同意本人資料依上述範圍內使用。

＿＿＿＿＿＿＿＿＿＿（簽名）

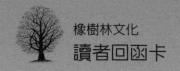